TUMU GONGCHENG CAILIAO SHIYAN

土木工程材料实验

苏胜昔　刘娜　郅禄文　徐畅　主编

河北大学出版社

·保定·

出 版 人：朱文富

责任编辑：刘　婷

装帧设计：杨艳霞

责任校对：李　易

责任印制：常　凯

图书在版编目（CIP）数据

土木工程材料实验 ／ 苏胜昔等主编．－－ 保定：河北大学出版社，2022.7
ISBN 978-7-5666-2045-3

Ⅰ．①土… Ⅱ．①苏… Ⅲ．①土木工程－建筑材料－实验－高等学校－教学参考资料 Ⅳ．① TU502

中国版本图书馆 CIP 数据核字 (2022) 第 121114 号

出版发行：河北大学出版社

地址：河北省保定市七一东路 2666 号　邮编：071000

电话：0312-5073019　0312-5073029

邮箱：hbdxcbs818@163.com　网址：www.hbdxcbs.com

经　　销：全国新华书店

印　　刷：保定市北方胶印有限公司

幅面尺寸：170 mm×240 mm

印　　张：11.5

字　　数：200 千字

版　　次：2022 年 7 月第 1 版

印　　次：2022 年 7 月第 1 次印刷

书　　号：ISBN 978-7-5666-2045-3

定　　价：39.00 元

前　　言

实践是检验真理的唯一标准。理论是灰色的，实践之树长青。

现实中，科学是内在紧密相连的，不分文科、理科，不分学科，也不分理论部分和实践部分，科学是一个完整的有机体。大到宇宙，小到微观世界，事物之间都存在着普遍联系，世界是一个普遍联系的统一体，孤立的事物是不存在的。

土木工程材料实验是土木工程类专业的一门专业基础课，其教学分为课堂教学和实践教学两部分，分别独立完成。

学习和研究应遵循有机的统一体思路，因此我们提出了"土木工程材料实验双翼教学法"的概念。我们知道鸟类可以飞翔，主要靠两个翅膀，这两个翅膀缺一不可。我们把理论和实践比作鸟的两个翅膀，把土木工程材料实验中的理论和实践操作统一起来，在同一地点同时进行教学，也就是把理论部分和实践部分更紧密地结合，在实验室里边讲理论边实践，或者讲一部分理论，马上在实验室实地实践，做到理论和实践时间、空间上的有机结合。

本书就是基于这个出发点进行编写，也是对土木工程材料实验教学法的一个探索。基本架构设计为几个部分，主要内容有基本试验仪器用途介绍、相关试验规范项目介绍、试验的基本理论简介、试验的相关理论拓展、试验的基本操作步骤及框图、试验数据的处理等。本书还把理论加以拓展，加以延伸，增加在试验场地的讲解比重，使土木工程材料实验课可以在试验场地完成一定教学或者完全教学，实现理论教学和试验教学有效融合。但是，我们试验部分的探索还有局限，大部分的理论讲解还在课堂完成，随着实践的深入是可以把整个课程改造为现场理论和现场实践的教学。

本书主要内容也是遵循"双翼教学法"这一理念编写的，共分为14章。本书比较系统地介绍了常用的土木工程材料实验仪器及用具、常用的土木工程材料实验标准及规范、材料的基本性质试验、水泥试验、混凝土骨料试验、混凝土拌和物试验、混凝土配合比及技术性质试验、建筑砂浆试验、建筑钢材试验、砌墙砖试验、沥青材料试验、木材试验等，力求反映当前土木工程材料的科技水平，指导学生解决土木工程材料使用中出现的各种问题，培养学生土木工程材料理论与应用的研究能力，促进土木工程材料科学的发展。同时，本书介绍了一些土木工程材料实验的新理论及新观点，引导学生学会综合分析工程中出现的各种问题，进而将理论应用于工程实践。

本书由苏胜昔、刘娜、郄禄文、徐畅等编写，其中苏胜昔编写绪论、第1章至第11章，刘娜编写第12章、第14章，郄禄文编写第13章，徐畅配图。本书的编写过程中参考、引用了部分所列参考资料内容，在此对其作者一并感谢！

由于水平有限，书中不当之处在所难免，敬请读者批评指正。

编者

2022 年 6 月

目　　录

绪　　论

0.1　土木工程材料的发展进程

人类社会的发展史伴随着材料科学的同步发展史，社会文明进步的重要标志也都伴随着典型材料的发明。因此，新材料的不断发明也必将推动社会发展到更高阶段。

人类社会的发展进程中一直伴随着材料的使用和发展。材料最早是在远古时期开始与人类的生活紧密联系的。人类生活需要吃、穿、住、行，远古人类受到生存环境和生存压力的逼迫，经过漫长的进化和发展，采取就地取材的方法生活。他们使用、简单加工自然界的原有材料，如树枝、树叶、石头、动物的骨骼、动物的毛皮等。远古人类通过劳动逐渐发现了一些简单的材料，经过改造用于建造和改造山洞洞穴，建造树上的草窝，建造树下的茅草屋，建造木屋、石屋，这是一个渐进的过程，每一次进步都经过艰苦的努力和相当漫长的时间。

通过对自然界各种自然现象的观察和模仿，特别是学会了火的应用，人类社会的发展发生了巨大变化，人类逐步发现、加工制造和使用各种材料，制造和使用各种土制品、陶器、瓷器、青铜制品、铸铁制品等，生活条件大为改善。伴随着社会分工，部落、小国、大国逐渐形成和发展，人类社会居住用建设材料也层出不穷。

社会的发展推动更多的材料需求。例如，我国历史上出现过"秦砖汉瓦"的典型材料，随着生产进步，这些材料大规模生产和使用，皇宫工程、城市军事防御工程、国家交通建设等逐渐形成一套标准和建设式样。宋代的李诚编写的《营造法式》是北宋官方颁布的一部建筑设计、施工的规范书，是我国古代最完整的建筑技术书籍，标志着古代建筑技术、工艺达到了较高水平。土木材料运用于建设的典型工程如我国古代始建于秦昭王后期（约公元前 276 年—公元前 251 年）的蜀郡太守李冰父子建造的"都江堰"水利工程，距今已有 2000 多年历史。李冰父子对大量的石材、竹材进行巧妙加工利用，使都江堰水利工程至今还发挥着巨大的作用，造福四川人民。又如，建于隋代的赵州桥，由著名匠师李春设计建造，距今已有 1400 多年的历史。赵州桥大部分采用石材，部分采用"腰铁""铁拉杆"等金属材料，历经多次洪水、地震都没有损坏。1991 年，赵州桥被美国土木工程师学会选定为世界第十二处"国际土木工程历史古迹"。再比如，北京故宫，它是明、清两代的皇家宫殿，旧称紫禁城，位于北京中轴线的中心，是中国古代宫廷建筑之精华，可与俄罗斯克里姆林宫、美国白宫、英国白金汉宫、法国凡尔赛宫相媲美，甚至精美程度更高。现代的建筑，如我国的三峡大坝工程、港珠澳大桥工程、南水北调工程等都是永载史册的造福社会的典型工程。除这些以外，我国展示土木材料的运用和发展的可载入史册的经典工程实例不胜枚举。

现代的土木新材料层出不穷。例如，英国的泥瓦匠约瑟夫·阿斯谱丁（Joseph Aspdin）1824 年发明的波特兰水泥，具有优良的建筑性能，在水泥史上具有划时代意义。水泥的应用，开辟了社会建设和发展的腾飞时代。从发明初期到现在，加上与新型金属材料的混合应用，水泥为人类生活质量的提高做出了巨大贡献。

随着现代科技的进步，各种绿色土木材料、复合土木材料得到广泛应用，金属-非金属材料、无机-有机材料、合金材料层出不穷，现浇结构、装配结构等新型结构、新型建筑不断涌现，土木工程材料向着高强度、高性能、高耐久性、绿色环保的方向发展。

0.2 土木工程材料的基本分类

土木工程材料分类方法较多，常用的有按化学组成分类、按使用功能分类等。

0.2.1 按化学组成分类

土木工程材料按化学组成分类如表 1 所示。

表 1　土木工程材料基本分类表

	金属材料	黑色金属：铁、钢、合金钢等 有色金属：铜、铝及其合金等
无机材料	非金属材料	天然石材：碎石、砂子等 烧结制品：砖、瓦、陶瓷等 胶凝材料：石灰、石膏、水泥等 熔融制品：玻璃、玻璃棉等
有机材料	植物材料	木材、竹材、植物纤维及其制品等
	高分子材料	塑料、橡胶、胶黏剂、有机涂料等
	沥青材料	石油沥青、煤沥青、沥青制品等
复合材料	无机-有机材料 金属-非金属材料	玻璃纤维增强材料、沥青混凝土等 钢筋混凝土、钢纤维混凝土等

0.2.2　按使用功能分类

土木工程材料按使用功能常分为承重结构材料、非承重结构材料、功能材料等三类。

承重结构材料：主要指基础、梁、板、柱等受力构件用的材料。常用的有混凝土、钢材、黏土砖、混凝土砌块等。

非承重结构材料：主要指框架结构的内隔墙、填充墙及其他维护结构等用的材料。

功能材料：主要指吸声材料、绝热材料、装饰材料、防火材料、防水材料等。

0.3　常用土木工程材料的标准代号

为了保证土木工程材料的质量，各个国家都制定了本国的规范标准，用于规范土木工程材料的生产、使用以及土木工程的设计、施工和验收。我国部分国家标准及代号对照表如表 2 所示。

表2 我国部分国家标准及代号对照表

中国标准代号	代表含义
GB	国家标准
JC	建材行业标准
JG	建筑工程行业标准
JT	交通行业标准
SL	水利行业标准
CCES	土木工程学会标准
CECS	工程建设标准化协会标准
DB	地方标准
QB	企业标准

主要国际标准及代号对照表如表3所示。

表3 主要国际标准及代号对照表

国际标准代号	代表含义
ISO	世界范围的统一标准
ASTM	美国材料与试验协会标准
JIS	日本工业标准
BS	英国标准
DIN	德国标准

0.4 土木工程材料实验的学习方法

现在开设的土木工程材料实验课程一般是分为课堂理论课和实验课两部分，分别在不同的时间段和不同的地点上课，任课教师有时是同一位教师，有时是不同教师，总之紧密度不是很高。本书尝试用"双翼教学法"对土木工程材料实验的学习方法进行一定的改进，探索实践性较强课程的教学改革方法。

我们在教学实践中提出土木工程材料实验"双翼教学法"的概念。我们把理论和实践比作鸟的两个翅膀，把土木工程材料实验课程中的理论和实际操作统一起来，提出在同一地点同时进行的理论和实践结合的教学方法。也就是把实践性强的学科的理论部分和实践部分更紧密地结合，在实验室里边讲理论边实践，或者讲一部分理论，马上在实验室实地实践，做到理论和实践的结合。

另外，本书虽然是关于土木工程材料实验的，但我们想在其中适当增加一些与实验有关的基本理论的介绍，同时扩展一些最新观点，用于拓展思路，并使实验和理论更好地融合在一起。实验不是理论的简单外延，实验和理论是有机统一的。做到这一点，需要教学形式上的统一，教学内容上的更新，并还原工程实际的研究状态，使之更符合教育方法和规律。

所以，对于土木工程材料实验的学习，建议采用从实践到理论的学习路线，然后再从理论到实践，这也符合学习的规律。也就是先把试验学习从头到尾通读一遍，先初步认识试验，使学生能够在学习理论前独立提出土木工程材料实验研究方法，写出试验研究笔记，然后教师讲解相关理论，做到实践在前、理论在后。尽管学生的研究理论或方法不科学或不完全正确，但是学生的学习主动性会由此得到提高，主观能动性会得到发挥，通过教师介绍现行的土木工程材料实验国家规范，学生的感性认识和理性思维也会进一步提高。

0.5　土木工程材料实验的多学科相关性

科学本身是有内在规律的，规律内部的各个因素是普遍联系的。目前，有的研究人员喜欢偏向理论研究，有的研究人员喜欢偏向实验研究，能把理论和实验结合较好的研究人员更容易接近科学真理。

土木工程材料的种类众多，新材料不断涌现，使用的领域很广。土木工程材料的设计、生产、加工、应用环节涉及众多学科和专业，如建筑学专业、土木工程专业、机械专业、化学专业、物理专业、电气专业、工程力学专业、计算机专业以及数学专业等。因此，土木工程材料实验也涉及多个专业。例如，桥梁的结构动静载试验，涉及土木专业、工程力学专业、计算机专业、电气专业等，这些专业要使用大量的科学仪器，对仪器的使用水平有较高要求。再比如，高强高性能混凝土的研发，涉及土木工程专业、化学专业、机械专业、电气专业等，需要各种专业的互相促进、互相融合才能完成，单独的一个专业已经不能胜任现代的科学发展的要求。所以，高水平的实验研究需要多学科的知识来支撑，单个专业的课程应逐步达到多学科的融合。对于新材料的研发和使用，特别是高水平的创新型研究，学科融合的重要性更为突出。

0.6　科学家的跨学科研究现象

纵观历史上的科学家，许多是跨学科的综合人才，有的甚至能够跨多个学科。

我国南北朝时期的祖冲之，一生钻研科学，其主要贡献在数学、天文历法和机械制造三方面。他在刘徽开创的探索圆周率的精确方法的基础上，首次将圆周率精算到小数第七位，即在 3.141 592 6 和 3.141 592 7 之间，他提出的"祖率"对数学研究有重大贡献。由他撰写的《大明历》是当时最科学、最先进的历法，对后世的天文研究提供了正确的方法。他的其他著作还有《安边论》《缀术》《述异记》《历议》等。

东汉时期的张衡，是杰出的数学家、天文学家、地理学家、发明家、文学家。他举孝廉出身，历任郎中、太史令、侍中、河间相等职。他在天文学方面著有《灵宪》《浑天仪注》等；数学方面著有《算罔论》；文学作品有《二京赋》《归田赋》等。他为我国天文学、机械技术、地震学的发展做出了杰出的贡献，发明了地动仪，是东汉中期浑天说的代表人物之一。

北宋政治家、科学家沈括，一生致力于科学研究，在众多领域都有很深的造诣和卓越的成就，被誉为"中国整部科学史中最卓越的人物"。其代表作《梦溪笔谈》，内容丰富，集前代科学成就之大成，在世界文化史上有着重要的地位，被称为"中国科学史上的里程碑"。

古希腊哲学家、数学家、物理学家、力学家阿基米德，是静态力学和流体静力学的奠基人，享有"力学之父"的美称。

英国著名科学家牛顿，主要著有《自然哲学的数学原理》《光学》等，提出了万有引力定律和三大运动定律，奠定了此后 3 个世纪里物理世界的科学基础，万有引力定律和三大运动定律成为现代工程学的基础。在力学领域，他阐明了动量和角动量守恒的原理，提出牛顿运动定律。在光学领域，他发明了反射望远镜，并基于对三棱镜将白光发散成可见光谱的观察，发展出了颜色理论。他还系统地表述了冷却定律，并研究了声速。在数学上，他与戈特弗里德·威廉·莱布尼茨分享了发展出微积分学的荣誉。他也证明了广义二项式定理，提出了"牛顿法"，并为幂级数的研究做出了贡献。在经济学上，牛顿提出金本位制度一说。我们可以看出，牛顿取得的成就不仅是经典力学三大定律，他在物理、数学、经济学上都有成功研究。

高斯是德国数学家、天文学家和物理学家，被认为是世界上最重要的数学家之一，和阿基米德、牛顿并列，同享盛名。他对静电学（如高斯定理）、温差电和摩擦电进行研究，利用绝对单位（长度、质量和时间）法则量度非力学量（如磁场强度），对地磁场分布的理论进行研究；他建立了高斯光学；在天文学和大地测量学中对小行星轨道进行计算，进行地球大小和形状的理论研究；他结合试验数据的测算，发展了概率统计理论和误差理论，优化了最小二乘法，引入高斯误差曲线；在纯数学方面，他对数论、代数、几何学的若干基本定理做出严格证明。

尼古拉·特斯拉是塞尔维亚裔美籍发明家、物理学家、机械工程师、电气工程师。他在交流电系统、X射线研究、无线能量传输、无线电发展、人造闪电、沃登克里弗塔等方面多有建树，发明专利1000多项，对人类的科学发展做出多方面重大贡献。

随着科学的发展和社会的进步，还将有许多科学真理需要人类去研究，探索宇宙、探索社会规律、探索自然规律需要人类去思考、去奋斗，试验技术条件和理论研究更需要进一步发展，这些都对综合研究能力提出了新的要求。

第1章　土木工程材料实验常用仪器及用具

人类对事物、现象的认识遵循实践、认识、再实践的规律，由感性认识向理性认识过度。感性认识是通过人的眼、耳、口、鼻等多种器官直接感受，具有记忆时间长、易于接收、感受深刻的特点。所以，我们在"双翼教学法"中，第一步优先安排学生通过实践感知各种仪器，形成较深的印象，引起他们的学习兴趣，为理论学习打下基础。

下面，我们来认识一些试验仪器。

1.1　李氏瓶

图 1-1　李氏瓶

李氏瓶也称密度瓶，如图 1-1 所示，容积为 220～250 mL，带有长 18～20 cm、直径约 1 cm 的细颈，细颈上有刻度，读数由 0 mL 至 24 mL，且 0～1 mL 和 18～24 mL 区间有 0.1 mL 间距刻度线。李氏瓶主要用于利用排液法测量磨成粉末的样品体积，进而计算出样品材料的密度。

1.2　水泥维卡仪

图 1-2　水泥维卡仪

水泥维卡仪，如图 1-2 所示，用于水泥的标准稠度用水量、水泥初凝时间、水泥终凝时间测定，由 1 个主机、1 个标准稠度用水量测试试针、2 个初凝时间测试试针、1 个终凝时间测试试针、1 个测定试模、1 块试模底板玻璃组成。

1.3　水泥净浆搅拌机

图 1-3　水泥净浆搅拌机

水泥净浆搅拌机，如图 1-3 所示，用于水泥的净浆搅拌，由搅拌主机和控制器组成。对水泥标准稠度用水量、水泥初凝时间、水泥终凝时间进行测定时，需要把规定量水泥和搅拌用水倒入搅拌机附带的搅拌桶中进行搅拌。机器设有手动控制和程序控制方式，一般采用程序控制方式。按启动键开始进行搅拌，搅拌完毕后逆时针旋转搅拌桶，将其从主机上卸下，然后把搅拌桶中的水泥净浆倒入试验用模具。要特别注意的是：搅拌过程中搅拌转子运转速度较快，试验人员要戴工作帽，严防丝线、帽带、宽敞衣袖等搅入仪器发生危险。若出现危险情况，应由一起试验的人员马上切断仪器电源。

1.4　水泥胶砂搅拌机

图 1-4　水泥胶砂搅拌机

水泥胶砂搅拌机，如图 1-4 所示，用于水泥砂浆的搅拌，由搅拌主机和控制器组成。测定水泥胶砂强度时需要把规定量水泥、搅拌用水倒入搅拌机附带的搅拌桶中，标准砂倒入砂罐，然后搅拌。机器设有手动控制和程序控制方式，一般选用程序控制方式。按启动键开机进行搅拌，搅拌完毕后逆时针旋转搅拌桶，将其从主机上卸下，然后把搅拌桶中的水泥砂浆倒入试验用模具。要特别注意的是：搅拌过程中搅拌转子运转速度较快，特别是搅拌过程中根据试验需要中间过程有短暂停止时间，试验人员要特别注意仪器预警声音提示，要戴工作帽，防止丝线、帽带、宽敞衣袖等搅入仪器发生危险。若出现危险情况，应由一起试验的人员马上切断仪器电源。

1.5　水泥胶砂振实台

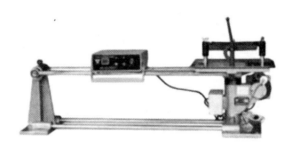

图 1-5　水泥胶砂振实台

水泥胶砂振实台，如图 1-5 所示，用于水泥胶砂试样的振实，主要由振动部件、机架部件和接近开关程控系统组成。取下模套，将空试模和模套固定在振实台上，用一个铁勺直接从搅拌锅里取出搅拌砂浆，将胶砂分两层装入试模，装第一层时，每个槽里放入约 300 g 胶砂，将大播料器垂直架在模套顶部沿每个模槽来回一次将料层播平，接着振实 60 次；然后再装入第二层胶砂，用小播料器播平，再振实 60 次；最后取下试模，放入养护室或养护箱中养护。

1.6　标准养护室全自动控温控湿设备

图 1-6　标准养护室全自动控温控湿设备

标准养护室全自动控温控湿设备，如图 1-6 所示，用于水泥试样及混凝土试样的标准养护，养护时确保混凝土标准养护室温度（20±2）℃、相对湿度95％以上。由恒温主机（工业变频制冷机组，具备制冷、制热、加湿功能）、温湿度传感器、工业级超声波加湿器、空调外机等主要部件组成。设有温度和湿度调节按键，可拨动按键自由设置。在单独的养护室里设置有自动喷淋的喷淋管，管子上设置有若干铜制喷嘴、喷头。控制主机和养护室分开设置。

1.7　恒温水浴锅

图 1-7　恒温水浴锅

恒温水浴锅，如图 1-7 所示，用于试验试样的恒温加热及温度保持。其水箱选材为不锈钢，有优越的抗腐蚀性能。水浴锅温控精确，有数字显示温度，自动温控，操作简便，使用安全。可以按要求设定温度，温度达到后自动保持。对于恒温水浴锅要注意的是：禁止在水浴锅无水的状态下使用加热器，以免造成干烧，损坏仪器。

1.8　电热鼓风干燥箱

图 1-8　电热鼓风干燥箱

电热鼓风干燥箱,如图 1-8 所示,可对各种试样进行干燥。电热鼓风干燥箱有鼓风干燥和真空干燥两种模式。鼓风干燥是通过循环风机吹出热风,保证箱内温度平衡。通过按键设置温度,仪器设置有一挡、二挡和鼓风开关按键,可以单独开或者组合开。电热鼓风干燥箱内部设有多层隔板用于存放试样。

1.9　水泥抗折试验机

图 1-9　水泥抗折试验机

水泥抗折试验机，如图 1-9 所示，主要用于水泥胶砂试样的抗折强度试验。试验时，将试样按要求放置在仪器底部专用支座中，试样的两个侧面分别作为上、下抗折试验面，调节支座位置和仪器横梁上移动滑块调零，按绿色按键开始试验，等试样折断后按红色按键停止试验，在试验机的标尺上按照刻度值可以直接读出试样抗折强度值。

1.10　水泥雷氏夹

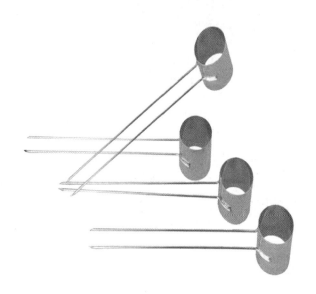

图 1-10　水泥雷氏夹

水泥雷氏夹是标准法进行水泥安定性试验的试验器具，如图 1-10 所示。由一个环模和两个指针组成；铜质材料或钢制材料，质量约 30 g。测量沸煮后试件指针尖间的距离，精确至 0.5 mm。如果两个试件沸煮后指针尖间的距离增加的平均值不大于 5.0 mm，即认定该水泥的安定性合格。

1.11　水泥负压筛析仪

图 1-11　水泥负压筛析仪

　　水泥负压筛析仪，如图 1-11 所示，由筛座、微电机、吸尘器、旋风筒及电器控制器等组成，用于测试常用水泥的细度。时间继电器设定在 120 s，把 0.08 mm 标准负压筛放在筛座上，盖上筛盖，打开电源，调节负压至 −4000～−6000 Pa 范围内，称取水泥试样 25 g，置于洁净的负压筛中，盖上筛盖，启动仪器，连续筛析（可轻敲筛盖使试样落下），当筛析满 120 s 后，仪器自动停止，用天平称量筛余物，计算筛余物占 25 g 试样的比例，小于 10% 的即为细度合格。

1.12　水泥抗压夹具

图 1-12　水泥抗压夹具

水泥抗压夹具，如图 1-12 所示，是根据国家标准《水泥胶砂强度检验方法》（ISO 法）而设计的专用水泥抗压强度夹具。把标准条件养护的 40 mm×40 mm×160 mm 的水泥胶砂试样放入夹具下部受压平板上，放入时使试样两个侧面与上、下压缩头接触，按机器操作规程进行压缩，直至试样被压坏，同时在相连的试验机软件上绘制水泥胶砂试样抗压强度曲线，试验结束后试验机中的软件可以自动计算得出试样最大抗压度。

1.13 电子天平

图 1-13 电子天平

电子天平，如图 1-13 所示，用于精确称量物体质量。根据最大称量质量可以分为超微量电子天平、微量电子天平、半微量电子天平、常量电子天平，称量质量 2～200 g 不等，高精度电子天平精确度可达到 0.1 mg。

1.14 电子秤

图 1-14 地面电子秤

电子秤，如图 1-14 所示，用于精确称量物体质量。分为桌面电子台秤、地面电子秤、电子地磅等，称量范围有 0～30 kg，30～300 kg，大于 300 kg，等等。

1.15　国家标准套筛

图 1-15　国家标准套筛

国家标准套筛，如图 1-15 所示，按国家规范，分为不同种类套筛及不同粒径筛，可以筛分砂子、石子、水泥等颗粒物。经过筛分区分出砂、石骨料、水泥等颗粒物的分级，用于检测每一种颗粒材料的具体颗粒大小分布规律，进而可以根据公式计算出砂子的分布百分率，如砂子的细度模数等。

1.16　强制式单卧轴混凝土搅拌机

图 1-16　强制式单卧轴混凝土搅拌机

强制式单卧轴混凝土搅拌机，如图 1-16 所示，用于均匀拌制混凝土。根据一次搅拌容量分为 30 L、60 L 等不同大小。可以按要求设定搅拌时间，也可以调节搅拌轮位置，并设置有安全急停开关，用于保护使用安全。每次使用后，必须要对搅拌机进行清理，防止剩余混凝土凝固造成搅拌机无法再启动。凝固产生时，可以用锤子敲击搅拌桶外围，振落凝结的混凝土块。在完全解决凝固问题之前，可以用点按常开开关的方式启动，等完全正常后方可按工作开关启动，否则会造成电机启动不畅、过热，甚至烧毁电机。如有电机启动不畅、过热现象时，应立即按急停开关，停止电机运行，进一步修复后方可按工作开关启动电机。

1.17　国家标准工程塑料标准试模

图 1-17　国家标准工程塑料标准试模

国家标准工程塑料标准试模，如图 1-17 所示，作为浇筑混凝土的试样成型的模具。按国家规范，分为不同种类规格，常用的有混凝土标准强度用 150 mm³ 试模、100 mm³ 试模、200 mm³ 试模，混凝土轴心抗压强度试模（150 mm×150 mm×300 mm），混凝土抗渗试模，等等。

1.18　混凝土坍落度测定仪

图 1-18　混凝土坍落度测定仪

混凝土坍落度测定仪，如图 1-18 所示，是使用铁皮制作的测定新拌混凝土的坍落度大小的仪器，由漏斗、坍落度筒、振捣棒、坍落度尺等组成。混凝土坍落度测定仪不仅可以用于测定新拌混凝土的坍落度，还可用于观察新拌混凝土流动性、黏聚性、保水性等。

1.19　微机控制电子万能试验机

图 1-19　微机控制电子万能试验机

微机控制电子万能试验机，如图 1-19 所示，是一种多用途的计算机控制的力学试验仪器，根据最大荷载不同，常分为 1 kN、10 kN、20 kN、30 kN、60 kN、100 kN、200 kN、500 kN、1000 kN、2000 kN 等规格。根据最大荷载的大小，试验机分为机械式加持、液压加持两种操作方式，可以对各种金属、非金属及复合材料进行常规力学拉伸、压缩、弯曲性能指标的测试。一般分为两部分，一是材料的安装试验主机部分，二是电子控制部分。主机动横梁上半部分一般设为拉伸空间，下部分为抗压及弯曲空间。

使用时，在电子控制部分启动采集器和计算机，启动试验机专用软件，控制软件分别进行试样设置、控制设置、加载控制方式设置、是否闭环加载设置、保护荷载最大值设置等，都调整好后，选择计算机软件上的"开始"菜单内命令开始加载，计算机软件上的图形采集显示区可以显示加载力大小、试验时间等参数，选用不同的参数，显示区显示对应的曲线。随着试样的破坏，计算机软件可以自动停止试验机的加载，同时保存各种试验数据，存储名称就是试验前输入的试样编号。计算机软件可以自动计算出材料的强度极限、屈服极限、最大荷载等数值，并且可以根据试验者的要求自动完成试验报告并打印输出。

试验机主机上明显位置设置有红色紧急停止按钮，如遇紧急情况可以按下红色按钮立即给机器断电，保护机器和人员安全。

1.20 恒压式压力试验机

图 1-20 恒压式压力试验机

恒压式压力试验机，如图 1-20 所示，是一种多用途的由计算机控制的力学试验仪器。根据最大荷载不同分为 1000 kN、2000 kN、3000 kN、5000 kN 等规格。可以对各种金属、非金属及复合材料进行常规力学压缩试验。一般分为两部分，一是材料的安装试验主机部分，二是电子控制部分。使用时，在电子控制部分启动采集器和计算机，启动试验机专用软件，控制软件分别进行试样设置、控制设置、加载控制方式设置、是否闭环加载设置、保护荷载最大值设置等，都调整好后，选择计算机软件上的"开始"菜单内命令开始加载，计算机软件上的图形采集显示区可以显示加载力大小、试验时间等参数，选用不同的参数，显示区可以显示相应的曲线。软件中还设有混凝土抗压强度国家试验规程、岩石抗压强度国家试验规程等内容，试验人员也可以根据试验数据自行计算非标准试样数据。

试验机主机上明显位置设置有红色紧急停止按钮，如遇紧急情况可以用按下红色按钮立即给机器断电，保护机器和人员安全。

1.21　混凝土振动台

图 1-21　混凝土振动台

混凝土振动台又称振动发生器，如图 1-21 所示。它是一种利用电动原理获得机械振动的装置，主要用于振实制备的各种试样，使其密实。台面尺寸 1 m×1 m，0.8 m×0.8 m，0.5 m×0.5 m。试验时，混凝土试样应牢固放在振动台面上，所需振实的试样放置要连同台面对称，使负荷平衡。每次试验完毕后及时清理台面。振动器轴承应经常检查，振动台应有可靠的接地线，确保使用安全。

1.22 混凝土回弹仪

图 1-22 混凝土回弹仪

混凝土回弹仪是一种检测装置，如图 1-22 所示，用于检测一般建筑构件、桥梁及各种混凝土构件（板、梁、柱、桥架）的混凝土表面强度，分为普通回弹仪和高强回弹仪等。用于检测的结构或构件的测区数不应少于 10 个，每个测区均分为 16 个小格，同一测点只能弹一次，每一测点的回弹值精确到 1。仪器使用前需要在专用钢砧上率定，率定值为 80±2。计算测区平均回弹值，应从该测区的回弹值中剔除 3 个最大值和 3 个最小值，余下的 10 个回弹值计算平均值。

1.23 混凝土碳化深度测量仪

图 1-23 混凝土碳化深度测量仪

混凝土碳化深度测量仪，如图 1-23 所示，用于检测混凝土碳化深度。测量碳化深度时，可采用适当的工具在测区表面形成直径 15 mm 的孔洞，其深度应大于混凝土的碳化深度。孔洞中的粉末和碎屑应清除干净，但不能使用水清洗。用浓度 1%～2% 的酚酞酒精溶液滴在孔内壁边缘处，已碳化的混凝土颜色不变，未碳化的混凝土变为红色。当已碳化和未碳化界线清楚时，用深度测量工具测量已碳化混凝土的深度，测量次数不应小于 3 次，取平均值，精确至 0.5 mm。

1.24　砂浆稠度测定仪

图 1-24　砂浆稠度测定仪

砂浆稠度测定仪，如图 1-24 所示，用于测定砂浆的流动性（流动性一般又称为稠度）。沉入深度 0～14.5 cm；沉入体积 0～229.3 cm^3；最小刻度值（沉入深度）1 mm；锥体与滑杆合重（300±2）g。将拌制好的试验用砂浆放入锥形盛料器中，调整锥体架，使标准锥体的尖端与砂浆表面接触，并紧固好锥体架；调节螺母，使表针对准零位，移动表盘升降架，使齿条滑杆下端与试锥滑杆下端轻轻接触；松开螺钉，标准锥体以其自身重量沉入砂浆中；待标准锥体不再往砂浆中沉入时拧紧螺钉，转动螺母，按齿条深度即可查表得相应的沉入体积。

1.25 混凝土快速冻融试验机

图 1-25 混凝土快速冻融试验机

混凝土快速冻融试验机为一体式结构，操作简单、方便，具有占地面积小、移动方便等特点，是移动实验室、高速公路和混凝土搅拌站的优选机型，如图 1-25 所示，主要用于进行混凝土抗冻性试验。最大试件容量为 9 组混凝土试件（每组 3 块）和 1 个中心试件；温度范围为 $-25\ ℃\sim25\ ℃$（用户可自行设定）；温度均匀性为各点之间 $<2\ ℃$；测量精度为 $\pm0.5\ ℃$，显示分辨率为 $0.06\ ℃$。使用时，开机前检查电源连接是否妥当，是否有足够的防冻液，防冻液不足时严禁开机。开机后，观察高、低压表的指数来判定机组是否运行正常，一般压缩机正常运行时，高压压力为 $14\sim22\ kg/cm^3$，低压压力为 $0.8\sim1.5\ kg/cm^3$。工作结束后，切断电源，清洁机器。

1.26 电脑全自动沥青软化点测定仪

图 1-26 电脑全自动沥青软化点测定仪

电脑全自动沥青软化点测定仪，如图 1-26 所示，是用于测定沥青软化点的仪器。主要由控制测量部分和支架测量部分组成。试验前，对于预估软化点低于 80 ℃时，1000 mL 测量烧杯中放入纯净水；预估软化点在 80 ℃以上时，1000 mL 测量烧杯中放入甘油。将制好的环形试样放入加热架承板上的两个孔中，开始试验，可以根据需要选择低温控制或高温控制，随着烧杯中液体被加热，试样开始变热软化；伴随试样软化，在试样中心的直径 9.5 mm 的钢球下坠，带动包裹在钢球外围的沥青成分一起下坠，直到下坠高度达到 25 mm，即完全下坠达到承板底部，此时分别读取左、右两个钢球下坠到底板时的温度值，取平均值即为沥青的软化点。

1.27　沥青针入度测定仪

图 1-27　沥青针入度测定仪

沥青针入度测定仪，如图 1-27 所示，是用于测定沥青针入度的仪器。试验时，按照《沥青取样法》要求选取沥青试样。沥青的针入度以标准针在一定的荷载、时间及温度条件下垂直穿入沥青的深度来表示，单位为 0.1 mm。

深度测量由计算机测量和控制，自动完成。测量时，把制作好放入独立的圆形黄铜试模中的试样放入平底容器中。试验时按要求做好恒温稳定存放，小试样稳定 1.5 h，大试样稳定 2 h，然后从恒温槽中取出试样，并移入仪器的平底玻璃皿的三角支架上，试样表面以上的水层深度不小于 10 mm，常用水温为 25 ℃。根据需要也可以设定为 15 ℃、30 ℃等。慢慢放下针连杆，用反光镜或灯光反射观察，使针尖恰好与试样表面接触，将位移针或刻度盘指针复位至零刻度。按下开始键，开始测量，5 s 后自动停止。读取位移计的读数，精确到 0.1 mm。测量 3 次，取平均值。

1.28　沥青延度测定仪

图 1-28　沥青延度测定仪

沥青延度测定仪，如图 1-28 所示，用于测定石油沥青的塑性延度，延度越大，塑性越好。试验时，按照规范《石油沥青延度测定法》要求将沥青制成∞型试样，在规定的温度（25 ℃）下，用规定的速度（5 cm/min）进行拉伸，微电机带动试样拉伸直到破坏为止，测定仪自动读取延伸长度（mm）作为评定指标。

第2章　土木工程材料实验常用的国家标准及规范

　　"双翼教学法"的第二步，是带领学生阅读和掌握有关的国家标准和规范，为下一步具体试验打下基本理论基础。而且，教育学生从土木工程材料实验的国家标准及规范学起，直接掌握最规范的、最实际的知识和试验方法，可使学生在学校就具有工程实践能力，获得实际工作经验和知识，减少走进工作岗位后的适应时间。

　　以下简单列出土木工程材料实验常用的国家标准及规范供参考。由于工程实践变化较快，科技水平和科学理论不断发展，各种标准和规范处于时刻变化中，因此目前列出的标准或规范可能在今后会发生修改或更新，或废除，工程技术人员应该遵从当时的国家最新标准及规范。

　　土木工程材料实验常用国家标准及规范：

　　①《天然石膏》，GB/T 5483—2008

　　②《通用硅酸盐水泥》，GB 175—2020

　　③《用于水泥中的粒化高炉矿渣》，GB/T 203—2008

　　④《用于水泥、砂浆和混凝土中的粒化高炉矿渣粉》，GB/T 18046—2017

　　⑤《用于水泥和混凝土中的粉煤灰》，GB/T 1596—2017

　　⑥《用于水泥中的火山灰质混合材料》，GB/T 2847—2005

　　⑦《掺入水泥中的回转窑窑灰》，JC/T 742—2009

　　⑧《水泥助磨剂》，GB/T 26748—2011

　　⑨《水泥组分的定量测定》，GB/T 12960—2019

　　⑩《水泥化学分析方法》，GB/T 176—2017

　　⑪《水泥原料中氯离子的化学分析方法》，JC/T 420—2006

⑫《水泥标准稠度用水量、凝结时间、安定性检验方法》，GB/T 1346—2011

⑬《水泥胶砂强度检验方法》，GB/T 17671—2021

⑭《水泥胶砂流动度测定方法》，GB/T 2419—2005

⑮《水泥比表面积测定方法　勃氏法》，GB/T 8074—2008

⑯《水泥细度检验方法　筛析法》，GB/T 1345—2005

⑰《中热硅酸盐水泥、低热硅酸盐水泥》，GB/T 200—2017

⑱《铝酸盐水泥》，GB/T 201—2015

⑲《硫铝酸盐水泥》，GB 20472—2006

⑳《高强高性能混凝土用矿物外加剂》，GB/T 18736—2017

㉑《混凝土外加剂应用技术规范》，GB 50119—2013

㉒《混凝土和砂浆用天然沸石粉》，JG/T 566—2018

㉓《普通混凝土配合比设计规程》，JGJ 55—2011

㉔《混凝土结构设计规范》，GB 50010—2010

㉕《混凝土结构工程施工质量验收规范》，GB 50204—2015

㉖《建设用砂》，GB/T 14684—2022

㉗《普通混凝土用砂、石质量及检验方法标准》，JGJ 52—2006

㉘《建设用卵石、碎石》，GB/T 14685—2022

㉙《预拌混凝土》，GB/T 14902—2012

㉚《建筑工程冬期施工规程》，JGJ/T 104—2011

㉛《水泥取样方法》，GB/T 12573—2008

㉜《混凝土外加剂匀质性试验方法》，GB 8077—2012

㉝《混凝土防冻剂》，JC 475—2004

㉞《混凝土膨胀剂》，GB/T 23439—2017

㉟《普通混凝土长期性能和耐久性能试验方法标准》GB/T 50082—2009

㊱《建筑工程施工质量验收统一标准》，GB 50300—2013

㊲《混凝土泵送施工技术规程》，JGJ/T 10—2011

㊳《混凝土用水标准》，JGJ 63—2006

㊴《建筑施工机械与设备　混凝土搅拌站（楼）》，GB/T 10171—2016

㊵《建筑施工机械与设备　混凝土搅拌机》，GB/T 9142—2021

㊶《建筑砂浆基本性能试验方法标准》，JGJ/T 70—2009

㊷《混凝土外加剂》，GB 8076—2008

㊸《建筑用卵石、碎石》，GB/T 14685—2011

㊹《自密实混凝土应用技术规程》，JGJ/T 283—2012

㊺《超声回弹综合法检测混凝土抗压强度技术规程》，T/CECS 02—2020

㊻《轻骨料混凝土应用技术标准》，JGJ/T 12—2019

㊼《砌筑砂浆配合比设计规程》，JGJ/T 98—2010

㊽《预拌砂浆》，GB/T 25181—2019

㊾《防水沥青与防水卷材术语》，GB/T 18378—2008

㊿《建筑石油沥青》，GB/T 494—2010

51《煤沥青》，GB/T 2290—2012

52《公路沥青路面设计规范》，JTGD 50—2017

53《公路工程沥青及沥青混合料试验规程》，JTG E 20—2011

54《石油沥青玻璃布胎油毡》，JC/T 84—1996

55《铝箔面石油沥青防水卷材》，JC/T 504—2007

56《塑性体改性沥青防水卷材》，GB 18243—2008

57《弹性体改性沥青防水卷材》，GB 18242—2008

58《聚氯乙烯（PVC）防水卷材》，GB 12952—2011

59《石油沥青玻璃纤维胎防水卷材》，GB/T 14686—2008

60《硅酮和改性硅酮建筑密封胶》，GB/T 14683—2017

61《建筑设计防火规范》（2018 年版），GB 50016—2014

62《建筑材料及制品燃烧性能分级》，GB 8624—2012

63《碳素结构钢》，GB/T 700—2006

64《低合金高强度结构钢》，GB/T 1591—2018

65《优质碳素结构钢》，GB/T 699—2015

66《金属材料　洛氏硬度试验　第 1 部分：试验方法》，GB/T 230.1—2018

67《钢筋混凝土用钢　第 1 部分：热轧光圆钢筋》，GB/T 1499.1—2017

68《钢筋混凝土用钢　第 2 部分：热轧带肋钢筋》，GB/T 1499.2—2018

69《冷轧带肋钢筋》，GB/T 13788—2017

70《预应力混凝土用钢棒》，GB/T 5223.3—2017

71《预应力混凝土用螺纹钢筋》，GB/T 20065—2016

72《预应力混凝土用钢丝》，GB/T 5223—2014

⑦3《砌体结构设计规范》，GB 50003—2011

⑦4《烧结普通砖》，GB/T 5101—2017

⑦5《烧结多孔砖和多孔砌块》，GB 13544—2011

⑦6《蒸压灰砂实心砖和实心砌块》，GB/T 11945—2019

⑦7《蒸压粉煤灰砖》，JC/T 239—2014

⑦8《普通混凝土小型砌块》，GB/T 8239—2014

⑦9《轻集料混凝土小型空心砌块》，GB/T 15229—2011

⑧0《混凝土瓦》，JC/T 746—2007

⑧1《公路土工合成材料应用技术规范》，JTG/TD 32—2012

⑧2《公路路基设计规范》，JTG D30—2015

⑧3《木材物理力学试验方法总则》，GB/T 1928—2009

⑧4《木材顺纹抗压强度试验方法》，GB/T 1935—2009

⑧5《木材抗弯强度试验方法》，GB/T 1936.1—2009

⑧6《陶瓷砖》，GB/T 4100—2015

⑧7《卫生陶瓷》，GB 6952—2015

⑧8《陶瓷马赛克》，JC/T 456—2015

⑧9《钢结构防火涂料》，GB 14907—2018

⑨0《绿色产品评价　涂料》，GB/T 35602—2017

⑨1《双酚 A 型环氧树脂》，GB/T 13657—2011

⑨2《平板玻璃》，GB 11614—2022

⑨3《防弹玻璃》，GB 17840—1999

⑨4《钢化玻璃》，GB/T 9963—1998

⑨5《岩棉薄抹灰外墙外保温系统材料》，JG/T 483—2015

⑨6《挤塑聚苯板（XPS）薄抹灰外墙外保温系统材料》，GB/T 30595—2014

⑨7《剥片云母》，JC/T 585—2015

⑨8《建筑吸声产品的吸声性能分级》，GB/T 16731—1997

⑨9《建筑材料及制品的燃烧性能　燃烧热值的测定》，GB/T 14402—2007

⑩0《建筑材料及制品燃烧性能分级》，GB 8624—2012

第3章 试验数据基本处理方法

在试验中，我们取得的试验数据因仪器的精度和分辨率的限制、试验者感官的错觉等，所读的数值为近似值。由于测量仪器精度、测量方法、测量条件、测量人员等因素的影响，试验测量值与客观真实值不一定相等，它们之间存在的差值称为绝对误差。实际上，我们并不一定能得到测量的客观真实值，那么如何判断测得值有多大的可能是真值呢？如果对待测量进行多次测量，又如何在一系列数据中得到最有可能是真值的最佳值呢？那就要减小误差。如何做到呢？下面我们对常用的测量方法中误差产生的原因、误差和不确定度的估算以及测量的结果进行分析。

3.1 直接测量

直接测量是采用合适的工具、仪器、方法与待测量的物理量进行直接比较，从而获知待测量的数值和单位。直接测量值的有效数字位数取决于所采用的工具、仪器的分度值。读取测量值时先读取到分度值，这个值是可靠的数字；再估读分度值的下一位，这一位的值是估计的，是可疑的数字。直接测量可靠的数字加上存疑的数字就组成有效数字。因此有下列关系：

有效数字＝可靠数字＋存疑数字   公式（3-1）

直接测得物理量＝有效数字＋单位   公式（3-2）

3.1.1 直接测量误差产生的原因和特征

直接测量误差可分为系统误差、偶然（随机）误差和粗大误差。

（1）系统误差及其产生的原因和特征。

　　系统误差又分为仪器的精度误差、仪器的零值误差、仪器机构误差、理论和方法误差。

　　仪器的精度指仪器所能区分的分度值和灵敏度。因仪器的精度而产生的误差称为仪器的精度误差。

　　仪器的零值误差，指对于具有零值指示的仪器，因试验人员在使用前没有归零而给测量结果带来的误差。

　　仪器机构误差，指仪器的部件、元件与要求不完全相符而给测量结果带来的误差。

　　理论和方法误差，指由于试验理论和试验方法不完善或试验条件不符等因素给测量结果带来的误差。

　　（2）偶然误差及其产生的原因和特征。

　　偶然误差又称随机误差，是由于在测定过程中一系列有关因素微小的随机波动而形成的具有相互抵偿性的误差，是分析过程中种种不稳定随机因素的影响造成的。

　　（3）粗大误差及其产生的原因。

　　在试验过程中，由于某种操作错误、环境条件突然变化、读取和记录错误等原因，使得测量值明显偏离正常测量结果，这种超出现定条件下预期值的误差称为粗大误差。这种误差要尽量避免。

3.2　间接测量

　　已知被测量与某一个或若干个其他量具有一定的函数关系，通过直接测量这些其他量的值，然后用函数式计算出被测量值的方法叫间接测量。

　　间接测量的误差是由直接测量的误差传递而来的。同时，采用的函数不同，间接测量的误差也会受到影响。

3.3　有效数字

　　试验时记录、处理的数据，应是能反映出被测量的实际大小的数据，即记录和保留的数据应为能传递出被测量大小及误差的全部信息的数字。有效数字的最后一位数字是唯一的存疑位，即估计位，因此存疑位也一定是误差所在位。

3.4　试验数据处理的一般方法

试验测量所得到的大量数据需要进行整理、分析，并从中得到试验的最后结果，或从带有误差的数据中提取参数，验证和寻找经验规律外推试验数值等。数据处理，指根据试验目的、试验要求，运用试验理论、试验公式和误差理论，对试验中所测得试验数据进行整理、加工、计算、分析，以得出试验结果。这个整理、加工、计算、分析的过程，称为数据处理。为了能够正确处理试验数据，在试验中要求详细记录试验原始数据，尽可能准确、细致记录，要注明单位、试验条件、环境温度、仪器规格、仪器型号等，记录的原始数据一定要真实，因为这些数据中包含着内部规律的外观表现。

试验数据处理的常用方法有计算法、列表法、作图法、最小二乘法（即函数法）等。在处理同一试验数据时，不一定要同时用几种方法，根据试验的具体内容、目的，选取一种方法或几种方法配合使用。

3.4.1　计算法

计算法就是将试验数据代入试验理论公式中，计算出试验结果，或将试验数据按照误差理论要求，计算出试验结果。

3.4.2　列表法

列表法是将试验中所测得的试验数据，填入按照一定顺序能反映自变量、因变量数值对应关系的表格里，以便求出试验结果的数据处理方法。列表法较为直观，各种因素之间的关系比较容易分辨和分析。

3.4.3　作图法

作图法处理数据，就是把试验数据根据自变量和因变量关系，在坐标纸上作成曲线，以便反映出它们之间的变化规律或函数关系。作图法表现的是一一对应的关系，自变量和因变量的变化对应比较直接。

3.4.4　最小二乘法

最小二乘法是一种在误差估计、不确定度、系统辨识及预测、预报等数据处理学科领域得到广泛应用的数学工具。

最小二乘法（又称最小平方方法）是一种数学优化技术。它通过最小化误差的平方和寻找数据的最佳函数匹配。利用最小二乘法可以简便地求得未知的数据，并使得求得的数据与实际数据之间误差的平方和为最小。

最小二乘法是解决曲线拟合问题最常用的方法。

3.4.5 逐差法

逐差法是指，在试验中，将所得的试验数据采取逐项相减或隔几项相减的方法来求出函数回归的待定参数，然后求得物理规律的函数表达式的方法。在具体试验中，逐差法一般有一次逐差法、二次逐差法等。

第4章 材料的基本性质试验

进行建筑材料试验，应根据国家、行业、地方和企业颁布的技术标准及试验规程进行。一般包括如下过程：

①选取试样。选取试样应按技术标准及试验规程进行，试样必须具有代表性。

②确定试验方法。通过试验所测得的材料性能指标，是按一定试验方法得出的有条件性的指标。试验方法不同，其结果也不一样。

③试验操作。必须使仪器设备、试件制备、量测技术等严格符合试验方法的规定，以保证试验条件的统一，获得准确、具有可比性的试验结果。

④试验数据处理。按照误差理论处理。

⑤试验结果分析。根据记录的或计算的试验结果，分析数据是否可靠和是否合理。

本书的具体试验项目，按照先简单总结相关理论知识，然后介绍试验步骤的顺序来讲解。

4.1 相关知识点及概念

a. 密度：是指材料在绝对密实状态下单位体积的质量。

$$\rho = \frac{m}{V} \qquad \text{公式 (4-1)}$$

式中：ρ——材料的密度，g/cm^3；

m——材料在干燥状态下的质量，g；

V——材料在绝对密实状态下的体积，cm^3。

自然状态下，绝大多数材料的内部都有一定的孔隙，只有少数的钢材和玻璃除外。在测定有孔隙材料的密度时，把材料磨成粒径小于 0.2 mm 的细粉，然后测得的密实体积数值较精确。

b. 相对密度：是指材料的密度与 4 ℃纯水密度之比。

c. 表观密度：是指材料包含其内部闭口孔隙条件下的单位体积具有的质量，以 g/cm^3 表示。表观密度对于计算材料的孔隙率、体积、质量以及结构物自重等都是必不可少的数据。

$$\rho_0 = \frac{m}{V_0} \qquad\qquad 公式（4-2）$$

式中：ρ_0——材料的表观密度，g/cm^3；

　　　m——材料在干燥状态下的质量，g；

　　　V_0——材料在自然状态下不含开口孔隙的体积，cm^3。

d. 体积密度：是指材料在自然状态下单位体积的质量，俗称容重。

$$\rho' = \frac{m}{V'} \qquad\qquad 公式（4-3）$$

式中：ρ'——材料的体积密度，g/cm^3；

　　　m——材料在干燥状态下的气干质量，即将试件置于通风良好的室内存放 7 d 后测得的质量，g；

　　　V'——材料在自然状态下的体积，cm^3。

e. 堆积密度：是指散状粒状材料单位堆积体积物质颗粒的质量。

$$\rho_1 = \frac{m}{V_1} \qquad\qquad 公式（4-4）$$

式中：ρ_1——材料的堆积密度，g/cm^3；

　　　m——材料的质量，g；

　　　V_1——材料在堆积状态下的体积，cm^3。

f. 孔隙率：是指材料中的孔隙体积占材料自然状态下总体积的比例，用 P 表示。

$$P = \frac{V_0 - V}{V_0} \times 100\% = \left(1 - \frac{\rho_0}{\rho}\right) \times 100\% \qquad\qquad 公式（4-5）$$

式中：P——材料的孔隙率；

　　　V——材料的绝对密实体积，即全部的固体物质占的体积，cm^3；

　　　V_0——材料包含孔隙在内的总体积，cm^3；

ρ_0——材料的表观密度，g/cm^3；

ρ——材料的密度，g/cm^3。

g. 密实度：是与孔隙相对应的，是指材料体积内被固体物质填充的程度，用 D 表示。

$$D = \frac{V}{V_0} \times 100\% = \frac{\rho_0}{\rho} \times 100\% \qquad 公式（4-6）$$

式中：D——材料的密实度；

V——材料的绝对密实体积，即全部的固体物质占的体积，cm^3；

V_0——材料的包含孔隙在内的总体积，cm^3；

ρ_0——材料的表观密度，g/cm^3；

ρ——材料的密度，g/cm^3。

材料的内部孔隙分为封闭孔隙和开口孔隙。封闭孔隙是指材料内部孔隙与外部不连通且内部也不连通的孔隙状态。开口孔隙是指材料内部孔隙互相连通，且材料内部与材料外部互通的孔隙状态。孔隙率的大小、孔隙的特点对材料的许多性质影响较大，如可以影响材料的耐久性、强度、抗冻性、热工性能、吸水性、抗渗性、吸音特性等。试验或工程应用时，要深入分析材料的孔隙特点。

h. 材料的空隙率：是指散状粒状材料颗粒间空隙体积占堆积体积的比例，用 P' 表示。

$$P' = \frac{V_1 - V_0}{V_1} \times 100\% = \left(1 - \frac{\rho_1}{\rho_0}\right) \times 100\% \qquad 公式（4-7）$$

式中：P'——材料的空隙率；

ρ_0——材料的表观密度，g/cm^3；

ρ_1——材料的堆积密度，g/cm^3；

V_0——材料所有颗粒体积之和，cm^3；

V_1——材料的堆积体积，cm^3。

i. 材料的填充率：是指散状粒状材料在自然堆积状态下，其中的颗粒体积占自然堆积状态下的体积的比例，用 D' 表示。

$$D' = \frac{V_0}{V_1} \times 100\% \qquad 公式（4-8）$$

式中：D'——材料的填充率；

V_0——材料所有颗粒体积之和，cm^3；

V_1——材料的堆积体积，cm^3。

j. 亲水性与憎水性：当水与材料接触时，在材料、水、空气三相交点处，沿着水滴表面的切线与水和固体接触面所形成的夹角 θ 为润湿边角，若 $\theta \leqslant 90°$，称这种材料为亲水材料，表示这种材料容易吸水；若 $\theta > 90°$，称这种材料为憎水材料。

k. 吸水性：是指材料在水中吸收水分的性质。材料吸水饱和时的含水率称为材料的吸水率，分为质量吸水率和体积吸水率。

$$W_m = \frac{m_b - m_g}{m_g} \times 100\% \qquad \text{公式（4-9）}$$

式中：W_m——材料的质量吸水率，%；

m_g——材料在干燥状态下的质量，g；

m_b——材料在吸水饱和状态下的质量，g。

$$W_V = \frac{m_b - m_g}{V'_g} \cdot \frac{1}{\rho_w} \times 100\% \qquad \text{公式（4-10）}$$

式中：W_V——材料的体积吸水率，%；

V'_g——材料在干燥状态下的体积，cm^3；

ρ_w——水的密度，g/cm^3；

m_g——材料在干燥状态下的质量，g；

m_b——材料在吸水饱和状态下的质量，g。

l. 吸湿性：是指材料在潮湿空气中吸收水分的性质，以含水率表示。

$$W = \frac{m_1 - m_0}{m_0} \times 100\% \qquad \text{公式（4-11）}$$

式中：W——材料含水率，%；

m_0——材料在干燥状态下的质量，g；

m_1——材料在含水状态下的质量，g。

m. 耐水性：是指材料长期在水的作用下不破坏，而且强度也不显著降低的性质。材料耐水性用软化系数 K_R 表示。

$$K_R = \frac{f_b}{f_g} \qquad \text{公式（4-12）}$$

式中：K_R——软化系数；

f_b——材料在吸水饱和状态下的抗压强度，MPa；

f_g——材料在干燥状态下的抗压强度，MPa。

n. 抗渗性：是指材料抵抗压力水渗透的性质。用渗透系数 K_S 表示。

$$K_S = \frac{Qd}{AtH}$$
公式（4-13）

式中：K_S——渗透系数，cm/h；

$\qquad Q$——透水量，cm^3；

$\qquad d$——试件厚度，cm；

$\qquad A$——透水面积，cm^2；

$\qquad t$——时间，h；

$\qquad H$——水头高度，cm。

o. 抗冻性：是指材料在吸水饱和的状态下，能经受多次冻结和融化而不破坏、强度又不显著降低的性质。

材料的抗冻性与材料的强度、孔隙率、孔隙的特征、含水率都有关，一般材料的强度越高，抗冻性越好。

p. 热容量：是指材料在温度变化时吸收和放出热量的能力。

$$Q = mc(t_1 - t_2)$$
公式（4-14）

式中：Q——材料的热容量，kJ；

$\qquad m$——材料的质量，kg；

$\qquad (t_1 - t_2)$——材料受热或冷却前后的温度差，K；

$\qquad c$——材料的比热容，kJ/（kg·K）。

q. 比热容：是指质量为 1 kg 的材料，在温度每改变 1 K 时所吸收或放出的热量。

$$c = \frac{Q}{m(t_1 - t_2)}$$
公式（4-15）

式中：c、Q、$(t_1 - t_2)$、m 意义同上。

r. 导热性：当材料两侧存在温度差时，热量将由温度高的一侧通过材料传递到温度低的一侧，导热性用于表示材料传导热量的能力。

$$\lambda = \frac{Qa}{(t_1 - t_2)AZ}$$
公式（4-16）

式中：λ——材料的导热系数，W/（m·K）；

$\qquad Q$——传导的热量，J；

$\qquad a$——材料的厚度，m；

$\qquad A$——材料传导的面积，m^2；

Z——传热时间，s；

(t_1-t_2)——材料两侧温度差，K。

s. 耐燃性：是指材料对火焰和高温的抵抗能力，分为非燃烧性、难燃性、可燃性。

t. 强度：是指材料抵抗外力破坏的能力。

$$f=\frac{P}{F}$$ 公式（4-17）

式中：f——材料强度，MPa；

P——材料破坏时的最大荷载，N；

F——受力截面面积，mm^2。

其中，当外力作用于构件中央一点的集中荷载，而且构件有两个支点，材料截面为矩形时，抗弯强度为：

$$f_m=\frac{3FL}{2bh^2}$$ 公式（4-18）

式中：f_m——材料抗弯强度，MPa；

F——材料破坏时的最大荷载，N；

L——两支点间距离，mm；

b——试件截面宽度，mm；

h——试件截面高度，mm。

当在试件跨度的三分之一点上作用两个相等的集中荷载时，抗弯强度为：

$$f_m=\frac{FL}{bh^2}$$ 公式（4-19）

u. 脆性与韧性：材料在外力作用下，无明显塑性变形突然破坏的性质称为脆性。在冲击荷载作用下，材料能够吸收较大能量，产生一定的变形而不被破坏的性质，称为韧性。

v. 硬度与耐磨性：材料表面抵抗其他物体压入或刻划的能力称为硬度。按照地质分类法，常用岩石的莫氏硬度由软到硬的排序为：滑石、石膏、方解石、萤石、磷灰石、正长石、石英、黄玉、刚玉、金刚石。耐磨性是指材料表面抵抗磨损的能力。

w. 弹性：材料在外力作用下产生变形，外力撤销后，能够完全恢复原来形状的性质称为弹性。弹性变形的变量与对应的应力大小成正比，其比例系数用弹性模量 E 来表示。

$$E = \frac{\sigma}{\varepsilon} \qquad\qquad 公式（4-20）$$

式中：σ——材料所受的应力，MPa；

ε——材料在应力 σ 作用下产生的应变，量纲为一。

4.2　试验内容及要测定的试验参数

材料的密度、表观密度、抗压强度、吸水率试验。

4.3　试验步骤

4.3.1　密度试验

本试验以黏土砖为例。对黏土砖试样进行烘干，在温度为 105～110 ℃的烘箱内，烘干时间 12～24 h。烘干期间相邻两次称量的质量差值不大于 0.05 g 时（或按试验精度要求）的试样（两次称量间隔时间不少于 3 h）定为烘至恒量。

主要用到的仪器设备：李氏瓶、孔径为 0.9 mm 的方孔筛、天平（分度值 0.01 g）、鼓风烘箱、小型球磨机、恒温水槽、锥形玻璃漏斗和瓷皿、滴管、骨匙、温度计等。

试验步骤如表 4-1 所示。

表 4-1　密度试验操作步骤表

操作步数	操作内容
第 1 步	将黏土砖试样打碎并磨成细粉，使其完全通过筛孔为 0.9 mm 的方孔筛子。再将细粉放入 105～110 ℃的烘箱内烘至恒量，然后置于干燥器内冷却至室温（20±2）℃备用。
第 2 步	向李氏瓶中注入与试样不反应的液体（水）至零刻度线处，将李氏瓶置于恒温水槽中，温度控制为 20 ℃，恒温 30 min，并记录瓶内液面初始读数（V_1）。
第 3 步	用天平称取 60～90 g 试样，用骨匙和漏斗将试样徐徐送入李氏瓶中，直至液面上升至 20 mL 刻度左右为止。
第 4 步	用瓶内液体将黏附在瓶颈和瓶壁的试样洗入瓶内液体中，轻轻摇动李氏瓶，使瓶中气泡排出，恒温 30 min，记录液面读数（V_2）。

续表

操作步数	操作内容
第 5 步	称取未加入瓶内剩余试样的质量，计算出装入瓶中试样的质量 m。将加入试样后的李氏瓶液面读数 V_2 减去未加前的读数 V_1，得出试样的绝对体积（V）。
第 6 步	试验结果处理： 按式（4-21）计算黏土砖密度值（精确至 0.01 g/cm³） $$\rho = \frac{m}{V} \qquad 公式（4\text{-}21）$$ 式中：ρ 为黏土砖的密度，g/cm³；m 为砖粉的质量，g；V 为材料在绝对密实状态下的体积，cm³。
第 7 步	以两个试样测值的算术平均值作为试验结果，当两个测值之差超过 0.029 g/cm³ 时，应重新取样进行试验。
第 8 步	清洁、整理试验仪器。

4.3.2 表观密度试验

对形状规则试件：

试件准备：如实心黏土砖、标准石材试样，均可以测量其外观尺寸，运用数学公式计算其体积，用电子天平称量其质量，经过计算可以求出其表观密度。试验材料在试验前要放置于烘干箱中进行烘干，除去内在的水分。具体如采用石材试样，那么用取芯机、锯石机、磨石机把石材加工成圆柱体、方柱体或立方体，尺寸应大于组成岩石最大矿物颗粒直径的 10 倍。试件置于 105~110 ℃ 的烘箱内烘至恒量，置于干燥器内冷却至室温备用。

主要用到的仪器设备：游标卡尺（量程 0~200 mm，分度值 0.02 mm）、天平（分度值 0.01 g）、鼓风烘箱、干燥器等。

对于形状规则试样，以黏土砖为例，试验步骤如表 4-2 所示。

表 4-2　黏土砖规则试样表观密度试验操作步骤表

操作步数	操作内容
第 1 步	把黏土砖试样放入烘箱中烘干至恒重。取出后放入干燥器中，冷却至室温并用天平称量试样的质量 m。
第 2 步	用游标卡尺量测试件两端、中间 3 个断面上互相垂直的两个直径或边长，精确至 0.1 mm，按平均值计算其截面积及体积 V。

操作步数	操作内容
第 3 步	试验结果处理： 按式（4-22）计算黏土砖试样表观密度 $$\rho_o = \frac{m}{V_0} \qquad 公式（4-22）$$ 式中：ρ_o 为黏土砖试样的表观密度，g/cm^3；m 为黏土砖试样质量，g；V_0 为黏土砖的体积，cm^3。
第 4 步	以 3 个试件测量值的算术平均值作为试验结果。
第 5 步	清洁、整理试验仪器。

对形状不规则试件，以石样为例（蜡封法）：

试件制备：将石样加工成边长 40～60 mm 立方体的试件至少 3 个。将试件置于 105～110 ℃的烘箱内烘至恒量，置于干燥器内冷却至室温备用。

主要用到的仪器设备：液体静力天平（量程 0～1000 g，分度值 0.01 g）、取芯机、锯石机、磨石机、鼓风烘箱、干燥器和熔蜡设备。

试验步骤如表 4-3 所示。

表 4-3　石材不规则试样干表观密度试验操作步骤表

操作步数	操作内容
第 1 步	称出烘干试件在空气中的质量 m，精确至 0.01 g。
第 2 步	将试件置于熔融的石蜡中，1～2 s 后取出，使试件表面均匀涂上一层蜡膜（膜厚不超过 1 mm）。如蜡膜上有气泡，应用烧红的细针将其刺破，然后再用热针带蜡封住气泡口，以防水分渗入试件。
第 3 步	蜡层冷却后，准确称出蜡封试件在空气中的质量 m_1，精确至 0.01 g。
第 4 步	用液体静力天平准确称出蜡封试件在水中的质量 m_2，精确至 0.01 g。
第 5 步	试验结果处理： 按式（4-23）计算石料干表观密度 $\gamma_干$ $$\gamma_干 = \frac{m}{\dfrac{m_1 - m_2}{\rho_水} - \dfrac{m_1 - m}{\rho_蜡}} \times 1000 \qquad 公式（4-23）$$ 式中：$\gamma_干$ 为石料干表现密度，kg/m^3；m 为烘干试件在空气中的质量，g；m_1 为蜡封试件在空气中的质量，g；m_2 为蜡封试件在水中的质量，g；$\rho_水$ 为水的密度，一般取 1.0 g/cm^3；$\rho_蜡$ 为石蜡的密度，一般为 0.93 g/cm^3。

续表

操作步数	操作内容
第 6 步	以 3 个试件测值的算术平均值作为试验结果；计算值精确至 0.01 g/cm^3。
第 7 步	清洁、整理试验仪器。

4.3.3 抗压强度试验

石料的抗压强度以饱和试件受压破坏时单位面积上所承受的最大荷载表示。它是评定石料质量的重要指标，主要用于岩石的强度分级和岩性描述。材料的抗压强度与材料的密度、表观密度、耐久性、吸水性等关系密切。

主要用到的仪器设备：万能试验机（破坏荷载应在试验机全量程的 20%～80% 之内）、游标卡尺、取芯机、切石机、磨石机、鼓风烘箱、干燥器、防护罩等。

试验步骤如表 4-4 所示。

表 4-4　石材规则试样抗压强度试验操作步骤表

操作步数	操作内容
第 1 步	将石样加工成直径为 48～54 mm 的圆柱体试件（试件高度与直径之比宜为 2.0～2.5），3 个为一组，试件受力的两端面磨平，并保持平行，且与试件轴线垂直（最大偏差不应超过 0.25°）。对于含大颗粒的岩石，试件的直径应大于岩石中最大颗粒直径的 10 倍。对于各向异性的岩石，应按要求的方向制取试件。制备水饱和试件的方法与吸水率试验相同。
第 2 步	检查试样有无缺陷、层理情况及加力方向，一并记入记录表格中。
第 3 步	用游标卡尺量取试件尺寸，在顶面和底面上分别量取两个相互垂直的直径，并以其各自的算术平均值分别计算顶面和底面的面积，取其顶面和底面面积的算术平均值作为计算抗压强度所用的截面积。
第 4 步	按照要求的受力方向，将试件置于试验机承压板的中央，对正上、下承压板，不要偏心。启动试验机，为了防止试件在破坏时石渣四飞，可在试件四周设置防护罩。
第 5 步	以 0.5～1.0 MPa/s 的速率均匀加荷，直到破坏为止。记录破坏荷载及加载过程中出现的现象。

操作步数	操作内容
第 6 步	试验结果处理： 按式（4-24）计算石料的抗压强度 $f_压$ $$f_压 = \frac{P}{A} \qquad 公式（4-24）$$ 式中：$f_压$ 为石料的抗压强度，MPa；P 为破坏荷载，N；A 为试件截面积，mm²。
第 7 步	取 3 个试件测值的算术平均值作为试验结果，并注明试件的含水状态等。
第 8 步	清洁、整理试验仪器。

4.3.4　吸水率试验

石料的吸水率通常是指，在常温（20±2）℃、常压条件下，石料试件最大的（浸水至饱和状态时）吸水质量占烘干试件质量的百分率。

主要用到的仪器设备：天平（分度值 0.01 g）、取芯机、切石机、磨石机、水槽、玻璃棒、鼓风烘箱、干燥器等。

试验步骤如表 4-5 所示。

表 4-5　石材规则试样吸水率试验操作步骤表

操作步数	操作内容
第 1 步	将石样加工成直径或高度均为 50 mm 的圆柱体、方柱体或立方体，其尺寸应大于组成岩石最大矿物颗粒直径的 10 倍；采用不规则试件，宜采用边长为 40～50 mm 的近似立方体岩块。每组试件的数量为 3 个。 试验前将试件置于 105～110 ℃的烘箱内烘至恒量，置于干燥器内冷却至室温备用。
第 2 步	从干燥器中取出试件，称其质量 m，精确至 0.01 g。
第 3 步	将试件置于水槽中，试件之间应留 10～20 mm 间隔，底部用玻璃棒垫起，避免与槽底直接接触。
第 4 步	注水入槽中，使水面至试件高度的 1/4 处。自注水起，2 h 后加水至试件高度的 1/2 处；4 h 后再加水至试件高度的 3/4 处；6 h 后将水加至高出试件 20 mm 以上，逐步加水以利试件内空气逸出。试件全部被淹没后，再自由吸水 48 h 后，即为水饱和试件。试件强制饱水，可采用煮沸法或真空抽气法。

续表

操作步数	操作内容
第 5 步	取出试件，用拧干的湿毛巾或纱布轻按试件表面，吸去试件表面的水分（不来回擦拭），随即称得试件质量为 m_1，精确至 0.01 g。
第 6 步	试验结果处理： 按式（4-25）计算石料吸水率 ω $$\omega = \frac{m_1 - m}{m} \times 100\% \qquad 公式（4-25）$$ 式中：ω 为石料吸水率，%；m 为干燥试件的质量，g；m_1 为水饱和试件的质量，g。
第 7 步	以 3 个试件测值的算术平均值作为试验结果，计算值精确至 0.01。
第 8 步	清洁、整理试验仪器。

4.4 基本性质试验多学科联想拓展

土木工程材料的基本性质试验带有材料研究试验的普遍性，与其他试验课程学习具有密切相关性。比如，土力学基本性质试验、高等土力学基本性质试验、砌体结构材料基本性质试验、钢筋混凝土材料试验等，尽管材料不尽相同，但研究基本性质的方法具有相通性。

材料的基本性质是十分重要的，从微观结构到宏观结构，基本性质的试验，可以定量判定材料元素组成，可以直接测量材料的内部结构、观察材料的微观结构等。这些内部结构的研究对于材料的改进、性能的提高都十分重要。材料的性能和结构的研发和使用是相辅相成、互相促进的。新功能材料促进新结构的应用，特殊结构也要求有新功能材料的研发。现代科学仪器的进步，为土木材料的更深层次研究提供了技术支持。例如，电子显微镜的应用、核子密度仪的应用、红外光谱仪的应用、质谱仪的应用等，从微观上和元素水平研究材料的细观特性。土木学科结合物理、化学、数学等学科，进一步发展对土木材料基本特征的研究，基础学科的合作会推出革命性的新材料。

第5章 水泥试验

水泥试验包括水泥物理性质、力学性质和化学分析几个方面的试验。工程中通常是做物理、力学试验，其项目有细度、标准稠度用水量、凝结时间、体积安定性及抗压强度等，其中体积安定性和抗压强度为工程中的必检项目。

5.1 相关知识点及概念

水泥的品种非常多，按主要水硬性物质不同可分为硅酸盐水泥、铝酸盐水泥、硫铝酸盐水泥、铁铝酸盐水泥以及潜在水硬性活性材料为主要组分的水泥。

水泥还可按用途划分，分为通用水泥、专用水泥、特种水泥等。

通用水泥是指以硅酸盐水泥熟料为主要组成成分，加上适量的石膏制成的水硬性胶凝材料。按混合材料的品种和掺量分为硅酸盐水泥（P. I、P. II）、普通硅酸盐水泥（P. O）、矿渣硅酸盐水泥（P. S）、火山灰硅酸盐水泥（P. P）、粉煤灰硅酸盐水泥（P. F）、复合硅酸盐水泥（P. C）。

水泥生产过程分为两磨一烧，硅酸盐水泥熟料主要是由含有 CaO、SiO_2、Al_2O_3、Fe_2O_3 的原料，按适当比例混合磨成细粉，在煅烧窑中烧至部分熔融所得的以硅酸钙为主要矿物成分的水硬性胶凝材料。熟料成分主要有硅酸三钙、硅酸二钙、铝酸三钙、铁铝酸四钙、游离氧化钙、游离氧化镁等。硅酸盐水泥熟料的水化产物主要有水化硅酸钙、水化铁酸钙、氢氧化钙、水化铝酸钙、水化硫铝酸钙晶体等。硅酸三钙早期水化较快，放热量大；铝酸三钙水化早期反应速率最快，水化放热量最大；硅酸二钙水化早期反应慢，强度早期低、后期高；铁铝酸四钙水化产物耐侵蚀性最优。石膏主要是起到缓凝的作用，石膏与水化铝酸钙反应生成的钙矾石在水泥颗粒表面形成一层薄膜，封闭了铝酸三钙的表面，阻滞水分子及离子的扩散，从而延缓了铝酸三钙的水化，使水泥凝结时间可控，不会产生瞬凝现象。

a. 细度：指水泥颗粒的粗细程度。硅酸盐水泥和普通硅酸盐水泥的细度以比表面积表示，不小于 300 m^2/kg；矿渣硅酸盐水泥、火山灰质硅酸盐水泥、粉煤灰硅酸盐水泥和复合硅酸盐水泥细度以筛余百分数表示，利用 80 μm 方孔筛筛分，筛余量不大于 10％或 45 μm 方孔筛筛余不大于 30％即为细度合格。

b. 不溶物：是指水泥经盐酸处理后的残渣，再以氢氧化钠溶液处理，经盐酸中和过滤后所得的残渣经高温灼烧所剩的物质。不溶物含量高对水泥质量有不良影响。

c. 烧失量：用来限制石膏和混合材料中的杂质，以保证水泥质量。

d. 氧化镁：氧化镁可以制成氢氧化镁，体积膨胀，其水化速度慢，可以用压蒸的方法加快水化速度，就可借此判断其安定性。

e. 氯离子：水泥里氯离子的存在会腐蚀钢筋，应该限制和去除。

f. 凝结时间：分为初凝时间和终凝时间。初凝时间是指水泥加水拌和时起至标准稠度净浆开始失去塑性所需的时间；终凝时间是指水泥加水拌和时起至标准稠度净浆完全失去可塑性并开始具有强度所需的时间。其中，硅酸盐水泥初凝时间不小于 45 min，终凝时间不大于 390 min。普通硅酸盐水泥、矿渣硅酸盐水泥、火山灰质硅酸盐水泥、粉煤灰硅酸盐水泥和复合硅酸盐水泥初凝时间不小于 45 min，终凝时间不大于 600 min。

g. 体积安定性：是指水泥在凝结硬化过程中体积变化的均匀性。用沸煮法测定应合格。不合格的原因主要是游离的氧化镁、氧化钙过多，或石膏掺量过多。

h. 强度：指水泥胶砂强度，按水泥：标准砂：水＝1：3：0.5 的质量比混合，例如，水泥 450 g，标准砂 1350 g，水 225 g，按规定的方法制成标准试件，在规定温度（20±1）℃的水中养护，测定其 3 d 和 28 d 的抗压、抗折强度，按照测定结果评定水泥的强度。硅酸盐水泥强度等级分为 42.5、42.5R、52.5、52.5R、62.5、62.5R。

i. 特种水泥：除了硅酸盐水泥外，根据工程需要还有具有某种特性的水泥，如白色水泥（由氧化铁含量少的硅酸盐水泥熟料组成）、彩色水泥（硅酸盐水泥熟料加上着色剂组成）、自应力水泥（硅酸盐水泥熟料、高铝水泥、天然二水石膏共同磨细组成的具有膨胀性的水硬性胶凝材料）、快硬水泥（由硅酸盐水泥熟料组成，以 3 d 抗压强度为代表，熟料里的硅酸三钙含量较多）、低热硅酸盐水泥（硅酸盐水泥、适量石膏磨细而制成）、抗硫酸盐水泥（特定矿物、适量石膏磨细成的胶凝材料）、铝酸盐水泥（铝酸钙为主要熟料磨细制成的水硬性胶凝材料）、硫铝酸盐水泥（无水硫铝酸钙、硅酸二钙、石灰石、适量石膏磨细组成）、铁铝酸钙（铁相、无水硫铝酸钙、硅酸二钙组成）等。这些特种水泥具有某些特种性能，可以满足特种需要。对于特种水泥的技术性质的试验可以参考硅酸盐水泥的试验方法，如检测初凝时间、终凝时间、细度、胶砂强度等试验，要按相应的国家规范执行。

5.2　试验内容及要测定的试验参数

水泥的细度、标准稠度用水量、凝结时间、体积安定性及胶砂强度试验。

5.3　试验步骤

5.3.1　水泥试验的一般规定

取样方法：一般按同一生产厂家、同一等级、同一品种、同一批号且连续进场的水泥，袋装不超过 200 t 为一批，散装不超过 500 t 为一批，每批抽样不少于一次，取样应具有代表性，可以连续取样，也可以从 20 个以上不同部位取等量样品，总量不少于 12 kg。

样品制备：将样品缩分成试验样和封存样。对试验样试验前将其通过 0.9 mm 方孔筛，并充分拌匀，记录筛余情况。必要时可将试样在（105±5）℃烘箱内烘至恒量，置于干燥器内冷却至室温备用。封存样则应置于专用的水泥筒内，并蜡封保存。

试验用水：常规试验用饮用水；仲裁试验或重要试验须用蒸馏水。

试验的环境条件：试件成型室温为（20±2）℃，相对湿度不低于 50%（水泥细度试验可不做此规定）；试件带模养护的湿气养护箱或雾室温度为（20±1）℃，相对湿度不低于 90%；试件养护池温度为（20±1）℃。

水泥试样、标准砂、拌和水及试模等的温度应与室温相同。

5.3.2　水泥的细度试验

主要用到的仪器设备：负压筛析仪、天平（分度值不大于 0.01 g）、毛刷。试验步骤如表 5-1 所示。

表 5-1　水泥细度试验操作步骤表

操作步数	操作内容
第 1 步	筛析试验前，将负压筛放在筛座上，盖上筛盖，接通电源，检查控制系统，调节负压至 4000～6000 Pa 范围内。如压力达不到要求，可以清理底部水泥筛析粉收集瓶里的水泥粉，清理收集管道内堵塞的水泥粉，检查收集管道是否漏风，以形成严密通畅的收集系统。
第 2 步	取烘干好的在室温冷却存放的试样（80 μm 筛析试验称取试样 25 g，45 μm 筛析试验称取试样 10 g），精确至 0.01 g，置于洁净的负压筛中，盖上筛盖，放在筛座上，用具有调整时间装置的时间控制器检查筛分时间是否为 120 s，对于设定好的无须调整，开动筛析仪连续筛析 2 min（筛析期间如有试样附着在筛盖上，可轻轻地敲击筛盖，使试样落下）。
第 3 步	筛毕，用毛刷轻刷盘中的筛余物，用天平称量筛余物，精确至 0.01 g。
第 4 步	试验结果处理： 按式（5-1）计算水泥试样筛余百分数 F $$F = \frac{R_1}{W} \times 100\% \qquad 公式（5-1）$$ 式中：F 为水泥试样筛余百分数，%；R_1 为水泥筛余物的质量，g；W 为水泥试样的质量，g。
第 5 步	以两次筛余结果的算术平均值作为筛析结果，精确至 0.1%。若两次筛余结果绝对误差大于 0.5%（筛余值大于 5% 时，绝对误差可以放宽至 1%），应重做一次试验，取两次相近结果的算术平均值作为试验结果。筛余百分数结果小于 10% 即为合格。
第 6 步	清洁、整理试验仪器。

5.3.3　标准稠度用水量试验

主要用到的仪器设备：维卡仪、天平（分度值小于 0.01 g）、水泥净浆搅拌机、量筒（精度±0.5 mL）、直边刀、琉璃板。

试验步骤如表 5-2 所示。

表 5-2 水泥标准稠度用水量标准法试验操作步骤表

操作步数	操作内容
第 1 步	试验时先对仪器进行调整，使维卡仪的金属圆棒应能自由滑动，将试模及玻璃板一起放在维卡仪上，调整至试杆接触玻璃板时指针对准标尺零点。标准稠度试针可以与金属杆连接紧密。
第 2 步	确定拌和加水量，可按经验初步确定加水量。对固定水量采用 142.5 mL，可变水量按常识经验加入。
第 3 步	先用湿布擦拭搅拌机叶片和搅拌锅，并立即将量好的拌和水倒入锅中，然后在 5～10 s 内小心地将称好的 500 g 水泥加入拌和水中（防止水和水泥溅出）。将搅拌锅放入搅拌机座，升至搅拌位置，开动搅拌机，仪器选用程序控制选项即可，低速搅拌 120 s，停机 15 s，然后将叶片及锅壁上的水泥浆刮入锅中，接着高速搅拌 120 s，停机。
第 4 步	从搅拌锅取适量水泥浆一次装入垫有玻璃板的试模内，浆体超过试模上端，用宽约 25 mm 的直边刀轻轻拍打超出试模部分的浆体 5 次以排除浆体中的孔隙。在抹平的过程中不要压实净浆；抹平后将试模及玻璃板一起放在维卡仪上，轻放下试杆，使试杆与净浆表面中心恰好接触，拧紧止动螺丝，调节金属杆上移动指针使其刻度与仪器零点对齐，1～2 s 后突然放松螺丝，使试杆垂直自由落入水泥净浆中，在试杆停止下沉（或下沉时间为 30 s）时，拧紧止动螺丝，测量试杆至玻璃板之间的距离。整个操作应在搅拌后 1.5 min 内完成。
第 5 步	试验结果处理： 以试杆沉入净浆并距玻璃板底板（6±1）mm 的水泥净浆为标准稠度净浆。其拌和水量与水泥试样质量之比即为该水泥的标准稠度用水量 P（以百分数计）。如试杆至玻璃板底板距离不在上述范围，须另称试样，改变加水量重新试验，直至达到（6±1）mm 要求为止。
第 6 步	清洁、整理试验仪器。

5.3.4 凝结时间试验

水泥凝结时间对施工方法和工程进度有很大的影响。要严格检验水泥凝结时间，判断水泥是否满足国家标准的要求。测定水泥凝结时间用的试针如图 5-1 所示。

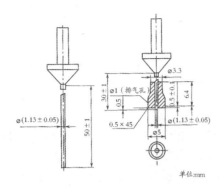

单位:mm

（a）初凝用试针   （b）终凝用试针

图 5-1   测定水泥凝结时间用的试针

主要用到的仪器设备：维卡仪、水泥净浆搅拌机、湿气养护箱、计时器、天平等。

试验步骤如表 5-3 所示。

表 5-3   水泥凝结时间试验操作步骤表

操作步数	操作内容
第 1 步	调试仪器，使维卡仪金属试杆、指针、连接试针等各部分能灵活运动。
第 2 步	先用湿布擦拭搅拌机叶片和搅拌锅，将量好的拌和水倒入锅中，然后在 5～10 s 内小心地将称好的 500 g 水泥加入水中（防止水和水泥溅出）。将搅拌锅放入搅拌机座，升至搅拌位置，开动搅拌机，仪器选用程序控制设置即可，低速搅拌 120 s，停机 15 s，将叶片及锅壁上的水泥浆刮入锅中，接着高速搅拌 120 s，停机。加入的水量就是标准稠度用水量，同时记下时间时刻，水泥浆装入试模后立即与底部玻璃板一起放入湿气养护箱内。水泥加入水中的时刻作为凝结时间的起始时刻。
第 3 步	初凝时间测定：从湿气养护箱取出试样，与底部的玻璃板一起放置于维卡仪底部，在金属杆底部安装好初凝试针，调整初凝试针与净浆表面刚好接触，不能沉入试样中，拧紧固定螺丝，调整金属杆上移动读数指针，使之与仪器刻度零点对齐，1～2 s 后瞬间放松螺丝，使试针垂直自由落入水泥净浆中。试针停止下沉（或下沉时间为 30 s）时，观测指针读数。当试针距底板为（4±1）mm 时为初凝截止时刻，从加水时刻到初凝截止时刻的时间差值即为水泥初凝时间。临近初凝时，每隔 5 min 测试一次，到达初凝状态时应立即复测一次，且两次结果必须相同。每次测试不得让试针落入原针孔内，且试针沉入试样的位置至少要距圆模内壁 10 mm。

续表

操作步数	操作内容
第4步	终凝时间测定：在完成初凝时间测定后，将试模连同浆体以平移的方法从玻璃板上取下，并翻转180°，底面朝上，放在玻璃板上。再放入湿气养护箱内养护，以供测定终凝时间。从湿气养护箱取出试样，与底部的玻璃板一起放置于维卡仪底部，在金属杆底部安装好终凝试针，调整终凝试针与净浆表面刚好接触，不能沉入试样中，拧紧固定螺丝，调整金属杆上移动读数指针，使之与仪器刻度零点对齐，1～2 s后瞬间放松螺丝，使试针垂直自由落入水泥净浆中。当试针沉入净浆中0.5 mm时，也就是终凝试针不能在试样表面留下痕迹时为终凝截止时刻，从加水时刻到终凝截止时刻的时间差值即为水泥终凝时间。临近终凝时，每隔15 min测试一次。到达终凝状态时应立即复测一次，且两次结果必须相同。
第5步	清洁、整理试验仪器。

5.3.5　体积安定性试验

水泥体积安定性是指水泥在凝结硬化过程中体积变化的均匀性。水泥中如果含有较多的 f-CaO、MgO 或 SO_3，可能导致安定性不良。检验 f-CaO 危害性的方法是沸煮法，也可以用雷氏法（标准法）或试饼法（代用法），有争议时以雷氏法为准。雷氏法是用装有水泥净浆的雷氏夹沸煮后的膨胀值来评定水泥体积安定性，试饼法是以试饼沸煮后的外形变化来评定水泥体积安定性。

主要用到的仪器设备：沸煮箱、雷氏夹（如图 5-2 所示）、雷氏夹测定仪（如图 5-3 所示）、养护箱、玻璃板、直边刀、钢直尺。

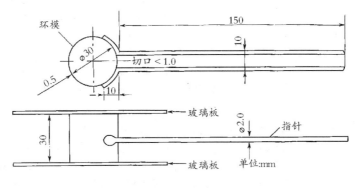

图 5-2　雷氏夹

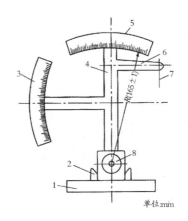

图 5-3　雷氏夹测定仪

1—底座；2—模子座；3—测弹性的标尺；4—立柱；
5—测膨胀值的标尺；6—悬臂；7—悬丝；8—弹簧顶枢

试验步骤如表 5-4 所示。

表 5-4　水泥体积安定性试验操作步骤表

操作步数	操作内容
第 1 步	雷氏法试验步骤： ①将雷氏夹置于专用玻璃板上，与水泥浆接触的表面均须涂上一薄层机油，每个试样成型 2 个试件。 ②脱去玻璃板，用雷氏夹测定仪测量雷氏夹指针尖端间的距离（A），精确到 0.5 mm。 ③将试件放在沸煮箱内的试件架上，然后在（30±5）min 内加热至箱内水沸腾，并恒沸（180±5）min。在整个沸煮过程中，应使水面高出试件，且不能中途加水。 ④将拌制好的标准稠度净浆装满雷氏夹圆环，一只手轻扶雷氏夹，另一只手用约 25 mm 宽的直边刀在浆体表面轻轻插捣 3 次，然后抹平，顶面盖一涂油的玻璃板，立即将上、下盖有玻璃板的雷氏夹移到养护箱内，养护（24±2）h。
第 2 步	试验结果评定： ①煮毕，将热水放掉，打开箱盖，使箱体冷却至室温。 ②对于雷氏法，取出煮后雷氏夹试件，测量雷氏夹指针尖端的距离（C），精确至 0.5 mm，计算雷氏夹膨胀值（C－A）。当两个试件煮后膨胀值（C－A）的平均值不大于 5 mm 时，即认为该水泥体积安定性合格；大于 5 mm 时，应用同一水泥样品立即重做一次试验。以复检结果为准。

操作步数	操作内容
第 3 步	试饼法试验步骤： ①从拌制好的标准稠度净浆中取出一部分平均分成两份，使之成球形，放在涂少许机油的玻璃板上，轻轻振动玻璃板，使水泥浆球扩展成试饼。 ②用湿布擦过的小刀，从试饼的四周边缘向中心轻抹，试饼随着修抹略做转动即做成直径为 70～80 mm、中心厚约 10 mm、边缘渐薄、表面光滑的试饼。 ③立即将制好的试饼连同玻璃板放入湿气养护箱内养护（24±2）h。 ④将养护好的试饼从玻璃板上取下，在试饼无缺陷的情况下将试饼放在沸煮箱内水中的篦板上，然后在（30±5）min 内加热至水沸腾，并恒沸（180±5）min。
第 4 步	试验结果评定： 对于试饼法，取出煮后试饼，目测试饼未发现裂缝，用钢直尺检查，没有弯曲（使钢直尺和试饼底部紧靠，以两者间不透光为不弯曲）的试饼为安定性合格，反之为不合格。当两个试饼的判断结果有矛盾时，该水泥的体积安定性为不合格。
第 5 步	清洁、整理试验仪器。

5.3.6　水泥胶砂强度试验

水泥胶砂强度反映了水泥硬化到一定龄期后胶结能力的大小，是确定水泥强度等级的依据。

主要用到的仪器设备：行星式水泥胶砂搅拌机、水泥软联试模、水泥振实台（如图 5-4 所示）、刮平直尺、抗折强度试验机、抗压强度试验机、水泥抗压夹具、天平。

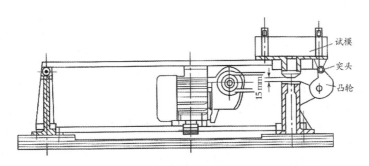

图 5-4　水泥胶砂振实台

试验步骤如表 5-5 所示。

表 5-5　水泥胶砂强度试验操作步骤表

操作步数	操作内容
第 1 步	试验时，调整试模，紧固搅拌机的仪器控制螺栓，试模内壁均匀刷一薄层机油；搅拌锅、叶片和下料漏斗用湿布擦干净，仪器控制部分设置为程序控制。
第 2 步	水泥胶砂强度配合比：水泥与中国 ISO 标准砂的质量比为 1∶3，水灰比为 0.5。具体的材料用量：水泥为（450±2）g，中国 ISO 标准砂为（1350±5）g，拌和水为（225±5）mL。
第 3 步	搅拌程序：先将称量好的水加入搅拌机的搅拌锅内，再加入称好的水泥，按程序控制键启动机器，低速搅拌 30 s 后，在第二个 30 s 开始的同时均匀加入标准砂。标准砂全部加完（30 s）后，机器转至高速再拌 30 s。接着停拌 90 s，在刚停的 15 s 内用刮尺将叶片和锅壁上的胶砂刮至拌和锅中，最后高速搅拌 60 s。任何时间不能用手触碰搅拌机叶片，试验人员应不留长发或戴上安全帽，以防头发卷入高速转动的搅拌叶片中造成安全事故。
第 4 步	试件振动成型：水泥胶砂制备后立即进行成型。把空试模和模套固定在振实台上，将胶砂分两层装入试模。装第一层时，每个槽内约放 300 g 胶砂，用大播料器垂直加在模套顶部，沿每个模槽来回一次将料层播平，振实 60 次；再装入第二层胶砂，用小播料器播平，再振实 60 次。用刮尺将试模表面抹平。在试模上做标记或加字条，标明浇筑日期、时间及试件编号。
第 5 步	试件养护：按照规范放入标准养护室养护；应在成型后 20～24 h 之间脱模，然后继续养护；养护到达龄期的试件应在强度试验前 15 min 从水中取出，揩去试件表面沉积物，并用湿布覆盖至试验开始。
第 6 步	强度试验步骤及结果处理： 抗折强度试验： ①用湿布擦去试件表面的水分和砂粒，将试件放入夹具内，使试件成型时的侧面与夹具的圆柱接触。调整夹具，使杠杆在试件折断时尽可能接近平衡位置；按水泥胶砂抗折强度试验机绿色键启动，随着砝码移动对试件进行加载，直到试件被折断，读取横梁标尺数据，记录抗折强度 $f_折$（MPa）。 ②每组试件的抗折强度，以 3 条棱柱体试件抗折强度测定值的算术平均值作为试验结果。当 3 个测定值中仅有 1 个超出平均值的 ±10% 时，应剔除这个结果，再以其余两个测定值的算术平均值作为试验结果；如果 3 个测定值中有 2 个超出平均值的 ±10%，则该组结果作废。

续表

操作步数	操作内容
	抗压强度试验： ①抗压强度试验在半截棱柱体的侧面上进行，须用水泥专用抗压夹具，试件受压面积为 40 mm×40 mm。以（2400±200）N/s 的速率均匀地加荷直至试件破坏，记录破坏荷载 P（kN）。 ②按式（5-2）计算每块试件的抗压强度 $f_压$（精确至 0.1 MPa） $$f_压 = \frac{P}{A} = 0.625P \qquad 公式（5-2）$$ 式中：$f_压$ 为试件的抗压强度，MPa；P 为破坏荷载，kN；A 为受压面积，40 mm×40 mm。 ③每组试件的抗压强度，以 3 条棱柱体得到的 6 个抗压强度测定值的算术平均值作为试验结果。如 6 个测定值中有 1 个超出平均值的±10%，应剔除这个值，而以剩下 5 个的算术平均值作为试验结果。如果 5 个测定值中再有超过它们平均值的±10%者，则此组结果作废。 根据上述的抗折、抗压强度的试验结果，按相应的水泥标准确定该水泥强度等级。
第 7 步	清洁、整理试验仪器。

5.4　水泥试验多学科联想拓展

随着技术的进步，水泥的生产工艺、水泥的生产品种、水泥的质量控制等都得到升级。水泥的生产和应用涉及多学科的支撑，如化学学科的成分分析、机械学科的研磨设备、建筑学学科的厂房设计、工程力学学科的力学性质测试、物理学科的高压静电粉尘除尘、环保学科的节能环保措施等，多学科互相促进、互相支撑。

现在的水泥新技术也不断涌现，特种水泥的品种逐渐进一步细化。例如，空心水泥颗粒技术得到进一步提高；粉煤灰、矿渣粉、硅灰等材料对水泥的替代，有的降低了制造成本，变工业废料为宝，有的优化了水泥的水化性能，使水泥产生二次水化，水泥石的强度和密实度得到进一步加强。

电子显微镜的使用、纳米材料的研发和制备，从根本上促进了水泥及其水化产物的研究。在水泥的生产中出现新型破碎设备、研磨设备及煅烧设备，对水泥生产的均匀性、环保性及质量都有较大提高。微观科研仪器的使用使人们对水泥的水化及硬化机理有更深的认识，从而推动对水泥更深入的研究。

随着研究深入，制造成本低、环境负荷小、耐久性好、强度高的新型凝胶材料、新型功能材料不断涌现。这些新技术、新材料的应用，给社会发展带来了积极影响。

第6章　混凝土骨料试验

混凝土骨料试验的目的是评定骨料的品质，并为混凝土配合比设计提供数据。为了获得骨料品质的可靠资料，必须选取具有代表性的试样，并对试样进行适当处理。

6.1　对骨料的一般要求

①试样烘至恒量。通常是指烘干试样，至相邻两次称量间隔时间不小于3 h 的情况下，前后两次称量之差小于该项试验所要求的称量精度。

②试验环境温度。骨料试验允许在 (20±5)℃室温下进行。

混凝土骨料试验包括粗细骨料颗粒级配、视密度、堆积密度、吸水率的试验以及细骨料的表面含水率试验、含泥量试验及级配试验等。

6.2　相关知识点及概念

混凝土的骨料分为细骨料和粗骨料，体积约占混凝土体积的 60%～80%。

细骨料：是指粒径小于等于 4.75 mm 的集料，俗称砂。按产原分为天然砂、人工砂两类。

粗骨料：是指粒径大于 4.75 mm 的集料，俗称石。常用的有碎石和卵石。

细度模数：是细骨料的粗细程度的一个指标，计算公式如下：

$$\mu_f = \frac{(A_2 + A_3 + A_4 + A_5 + A_6) - 5A_1}{100 - A_1} \qquad 公式 (6-1)$$

式中：μ_f 为细度模数，精确到 0.01；A_1、A_2、A_3、A_4、A_5、A_6 分别是

4.75、2.36、1.18、0.60、0.30、0.15 筛号的累计筛余百分数。

$$A_1 = a_1$$
$$A_2 = a_1 + a_2$$
$$A_3 = a_1 + a_2 + a_3$$
$$A_4 = a_1 + a_2 + a_3 + a_4 \qquad \text{公式（6-2）}$$
$$A_5 = a_1 + a_2 + a_3 + a_4 + a_5$$
$$A_6 = a_1 + a_2 + a_3 + a_4 + a_5 + a_6$$

a_1、a_2、a_3、a_4、a_5、a_6 分别是 4.75、2.36、1.18、0.60、0.30、0.15 筛号的分计筛余百分数。

$$a_n = \frac{m_x}{M} \times 100\% \qquad \text{公式（6-3）}$$

式中：a_n——各号筛的筛余量与总质量之比，称为分计筛余百分数，%；

$\quad\quad m_x$——各号筛筛余量，g；

$\quad\quad M$——试样总质量（500 g），g。

a. 粗骨料强度：粗集料在混凝土中起着骨料作用，应具有一定强度，试样抗压强度主要是指对于标准试样（50 mm 边长立方体）吸水状态下的抗压强度值；或者用压碎指标表示。称量 3000 g 粒径在 9.5 mm～19 mm 之间的颗粒，分为两层装入试模，每一层装入后，在底盘垫一个直径 10 mm 的圆钢，左右交替摇晃 25 下，平整模内试样表面，盖上压头，当圆模装不下 3000 g 试样时，以装至圆模上口 10 mm 为准。用万能试验机进行抗压试验，并用式（6-4）计算压碎指标

$$Q_a = \frac{G_1 - G_2}{G_1} \times 100\% \qquad \text{公式（6-4）}$$

式中：Q_a——碎石或卵石的压碎指标，100%；

$\quad\quad G_1$——试样的质量，g；

$\quad\quad G_2$——压碎试验后筛余试样的质量，g。

b. 坚固性：是指集料在自然风化和其他外界物理、化学因素作用下抵抗破裂的能力。

c. 含泥量和泥块含量：含泥量是指天然砂或卵石、碎石中粒径小于 75 μm 的颗粒含量。砂中的粒径大于 1.18 mm，经水浸洗、手捏后小于 0.60 mm 的颗粒含量称为砂的泥块含量；卵石、碎石中原粒径大于 4.75 mm，经水浸洗、手

捏后小于 2.36 mm 的颗粒含量称为卵石、碎石的泥块含量。

　　d. 有害物质：砂子中的轻物质、氯化物，石子中的有机物、硫化物、硫酸盐等，在拌制混凝土时要提前去除。特别是氯离子，对钢筋有腐蚀破坏作用。海砂中含有大量的氯离子，对于钢筋混凝土、预应力混凝土建议不使用海砂。

　　e. 碱集料反应：是指水泥、外加剂等混凝土构成物中及环境中的碱性矿物在潮湿环境下缓慢发生并导致混凝土开裂破坏的膨胀反应。碱集料反应包括碱-硅酸反应和碱-碳酸盐反应。

　　f. 集料的含水状态：一般分为干燥状态、气干状态、饱和面干状态和湿润状态。干燥状态是指集料含水率等于或接近于零的状态；气干状态是指集料含水率与大气湿度相平衡的状态；饱和面干状态是指集料表面干燥而内部孔隙含水达到饱和的状态；湿润状态是指集料不仅内部孔隙充满水，而且表面还附有一层表面水的状态。

6.3　试验内容及要测定的试验参数

　　混凝土骨料试验是测定砂的级配试验，吸水率试验，细骨料堆积表观密度（也简称堆积密度）与空隙率试验，细骨料黏土、淤泥及细屑含量试验，粗骨料视密度及吸水率试验，粗骨料堆积密度及空隙率试验，粗骨料级配试验，粗骨料压碎指标试验。

6.4　试验步骤

6.4.1　砂的级配试验

　　主要用到的仪器设备：方孔筛（标准砂石筛各一套，并附有筛底和筛盖）、天平、摇筛机、鼓风烘箱、搪瓷盘、毛刷等。

　　细骨料颗粒级配试验的目的，是通过过筛分析来检验细骨料的级配及其粗细程度是否符合规范要求。筛除大于 10 mm 的颗粒，然后用四分法缩分至每份不少于 550 g 的试样 2 份，放在（105±5）℃烘箱中烘至恒量，冷却至室温备用。

　　试验步骤如表 6-1 所示。

表 6-1　砂的级配试验操作步骤表

操作步数	操作内容
第 1 步	称取烘干式样两份，每份 500 g，记为 G，分两次进行试验。
第 2 步	将试样倒入方孔筛中，其筛孔尺寸自上而下，由粗到细，依次排列。
第 3 步	把筛固定在摇筛机上，开机摇动 10 min 后，按筛孔大小顺序，在清洁的搪瓷盘上再逐个用手筛，直至每分钟通过量不超过试样总量的 0.1% 时为止。通过的颗粒并入下一号筛中，并和下一号筛中的试样一起过筛。按这样的顺序进行，直至各号筛全部筛完为止。
第 4 步	称出各号筛的筛余量，精确至 1 g，试样在各号筛上的筛余量大于 200 g 时，应将该筛余试样分成两份分别筛分，并以两次筛余量之和作为该号筛的筛余量。
第 5 步	计算分计筛余百分率：各号筛的筛余量与试样总量 500 g 之比，精确至 0.1%。计算累计筛余百分率：即该号筛与该号筛以上各筛的分计筛余百分率之和，精确至 0.1%。根据各个筛的累计筛余百分率绘制筛分曲线，评定该细骨料的级配是否适用于拌制混凝土。 按式（6-5）计算细度模数（精确至 0.01） $$\mu_f = \frac{(A_2 + A_3 + A_4 + A_5 + A_6) - 5A_1}{100 - A_1} \qquad \text{公式（6-5）}$$ 式中：μ_f 为细度模数；A_1、A_2、A_3、A_4、A_5、A_6 分别是 4.75、2.36、1.18、0.60、0.30、0.15 筛号的累计筛余百分率标称直径筛上的累计筛余百分率。
第 6 步	以两次测值的平均值作为试验结果，精确至 0.1。按细度模数的大小，评定该细骨料颗粒的粗细程度。各筛筛余（包括筛底）的质量总和与原试样质量之差超过 1% 或两次测得的细度模数相差超过 0.2 时，须重做试验。
第 7 步	清洁、整理试验仪器。

6.4.2　吸水率试验

主要用到的仪器设备：天平、饱和面干试模、捣棒、电吹风机、烘箱、搪瓷盘、玻璃棒、玻璃板、刮刀等。饱和面干试模和捣棒如图 6-1 所示。

图 6-1　饱和面干试模及捣棒

试验步骤如表 6-2 所示。

表 6-2　砂的吸水率试验操作步骤表

操作步数	操作内容
第 1 步	用四分法选取砂样，置于（105±5）℃烘箱中烘至恒量，并在干燥器内冷却至室温备用。
第 2 步	饱和面干试样制备：称取 1500 g 左右的试样装入搪瓷盘中，注入清水，水面高出试样 20 mm 左右，用玻璃棒轻轻搅拌，排出气泡。静置 24 h 后，将清水倒出，摊开试样，用电吹风机缓缓吹拂暖风，并不时搅拌，使试样表面的水分蒸发，直至达饱和面干状态为止。
第 3 步	饱和面干状态的判定方法：将试样分两层装入饱和面干试模内（试模放在厚 5 mm 的玻璃板上），第一层装入试模高度的一半，用捣棒自试样表面高约 10 mm 处自由落下，均匀插捣 13 次；第二层装满试样后，再插捣 13 次。刮平表面，将试模轻轻垂直提起。当试样呈现图 6-2（b）的形状，即为饱和面干状态；如试样呈图 6-2（a）的形状，说明尚有表面水分，应继续吹风、干燥；如试样呈图 6-2（c）的形状，说明试样已过分干燥，应喷水 5～10 mL，将试样充分拌匀，加盖后静置 30 min，再做判定。
第 4 步	吸水率是试样在饱和面干状态时所含的水分，以质量百分率表示，通常以烘干试样质量为基准，也可以用饱和面干试样的质量作为基准。称取饱和面干试样 2 份，每份 500 g，记为 G_0。

续表

操作步数	操作内容
第 5 步	将试样在（105±5）℃烘干至恒重，冷却至室温后，称出其质量 G。按式（6-6）计算烘干试样为基准的吸水率 $m_干$，或按式（6-7）计算以饱和面干试样为基准的吸水率 $m_饱$，精确至 0.1%。 $$m_干 = \frac{G_0 - G}{G} \times 100\%　\text{　　　公式（6-6）}$$ $$m_饱 = \frac{G_0 - G}{G_0} \times 100\%　\text{　　　公式（6-7）}$$ 式中：$m_干$ 为以烘干试样为基准的吸水率，%；$m_饱$ 为以饱和面干试样为基准的吸水率，%；G_0 为饱和面干状态试样的质量，g；G 为烘干后试样的质量，g。
第 6 步	以两次测值的算术平均值作为试样结果，若两次测值之差超过 0.2%，应重新取试样试验。
第 7 步	清洁、整理试验仪器。

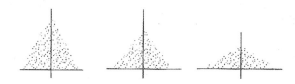

（a）偏湿状态　　（b）饱和面干状态　　（c）偏干状态

图 6-2　试样的坍落形状

6.4.3　细骨料堆积表观密度与空隙率试验

测定细骨料松散状态下的细骨料堆积表观密度（堆积密度），可供混凝土配合比设计用，也可用以估计运输工具的数量或堆场的面积等。根据细骨料的堆积密度和表观密度还可以计算其空隙率。

主要用到的仪器设备：漏斗（如图 6-3 所示）、容积为 1 L 的容量筒、天平（量程 0～5 kg，分度值 1 g）、烘箱等。

图 6-3　漏斗示意图

试验步骤如表 6-3 所示。

表 6-3　细骨料堆积表观密度与空隙率试验操作步骤表

操作步数	操作内容
第 1 步	称取潮湿状态试样 10 kg，烘干至衡量，冷却至室温备用，取 5 kg 烘干试样两份，分别进行试验。
第 2 步	称出容量筒的质量 G_1。
第 3 步	将试样装入漏斗中，将容量筒置于漏斗下，打开漏斗的活动闸门，使试样从离容量筒上口 50 mm 的高度处落入容量筒中，直至试样装满容量筒并超出筒口为止。
第 4 步	将容量筒顶部多余的试样沿筒中心线向两侧方向刮平，然后称容量筒连同试样的质量 G_2。
第 5 步	试验结果处理： 按式（6-8）计算细骨料的堆积密度（精确至 10 kg/m³）$$\gamma_{\mp}=\frac{G_2-G_1}{V}\times1000 \qquad 公式（6-8）$$式中：$\gamma_{\mp}$ 为细骨料的堆积密度，kg/m³；G_1 为容量筒的质量，kg；G_2 为容量筒和细骨料的总质量，kg；V 为容量筒的容积，L。 按式（6-9）计算空隙率 P_0（％）（精确至 1％）$$P_0=\left(1-\frac{\gamma_{\mp}}{\rho_{\mp}}\right)\times100\% \qquad 公式（6-9）$$式中：P_0 为空隙率，％；$\gamma_{\mp}$ 为试样的堆积表观密度，kg/m³；$\rho_{\mp}$ 为试样的干表观密度，kg/m³。
第 6 步	以两次测值的算术平均值作为试验结果。
第 7 步	清洁、整理试验仪器。

6.4.4 细骨料黏土、淤泥及细屑含量试验

黏土、淤泥及细屑含量是细骨料出厂检验的一个质量指标，指标的优劣直接影响混凝土或砂浆的质量。通常采用淘洗法测量。

主要用到的仪器设备：容量筒、天平、烘箱、筛（孔径为 0.08 mm 及 1.25 mm 筛各 1 只）、洗砂筒（深度大于 250 mm）、搅棒、搪瓷盘等。

试验步骤如表 6-4 所示。

表 6-4　细骨料黏土、淤泥及细屑含量试验操作步骤表

操作步数	操作内容
第 1 步	准确称取烘干试样 500 g 共 2 份，精确至 0.1 g，计为 G。放入洗砂筒，注入清水，使水面高出试样 150 mm，充分搅拌后，浸泡 2 h。
第 2 步	用手在水中淘洗试样，把浑水慢慢倒入 1.25 mm 及 0.08 mm 的套筛上（1.25 mm 筛放在上面），滤去小于 0.08 mm 的颗粒，在整个过程中应防止试样流失。
第 3 步	再次向洗砂筒中注入清水，重复上述操作，直至洗砂筒内的水目测清澈为止。
第 4 步	用水淋洗剩留在筛上的颗粒，并将 0.08 mm 筛放在水中来回摇动，以充分洗掉小于 0.08 mm 的颗粒。然后将洗砂筒内及两只筛上剩余的颗粒一并倒入搪瓷盘中，置于 (105±5)℃烘箱中烘至恒量，待冷到室温后，称取剩余砂样的质量 G_1，精确至 0.1 g。
第 5 步	试验结果处理： 黏土、淤泥及细屑含量 Q 按式 (6-10) 计算 $$Q=\frac{(G-G_1)}{G}\times100\%$$　　　公式（6-10） 式中：Q 为黏土、淤泥及细屑含量，%；G 为试验前烘干试样的质量，g；G_1 为试验后烘干试样的质量，g。
第 6 步	以两次试验测值的算术平均值作为结果。
第 7 步	清洁、整理试验仪器。

6.4.5 粗骨料视密度及吸水率试验

粗骨料视密度是其颗粒（包括内部封闭孔隙）的单位体积质量。它可以反映骨料的坚实、耐久性，是一项评价骨料品质的技术指标。同时，粗骨料饱和面干视密度和吸水率还可供混凝土配合比设计之用。

主要用到的仪器设备：液体静力天平、网篮（孔径小于 5 mm，直径和高度均为 200 mm）、盛水筒、烘箱、搪瓷盘、毛巾、毛刷、温度计、台秤等。

试验步骤如表 6-5 所示。

表 6-5　粗骨料视密度及吸水率试验操作步骤表

操作步数	操作内容
第 1 步	用四分法将粗骨料缩分至下述质量：当骨料最大粒径为 20 mm、40 mm、80 mm 及 150（120）mm 时，分别称取不少于 1.2 kg、2 kg、4 kg、6 kg 的试样各 2 份。 用自来水将骨料冲洗干净，除去表面尘土等杂质，然后在水中浸泡 24 h，水面至少高出试样 50 mm。
第 2 步	将空网篮全部浸入盛水筒后，称出空网篮在水中的质量。将浸泡后的试样装入网篮内，放进盛水筒中，升降网篮，排除气泡。称量试样和网篮在水中的质量。两质量之差即为试样在水中的质量 G_2。两次称量时，水的温度相差不得大于 2 ℃。
第 3 步	将试样从网篮中取出，用拧干的湿毛巾擦去目视能看到的水膜，使试样呈饱和面干状态，并立即称量 G_3。
第 4 步	将试样放在（105±5）℃烘箱中烘至恒量，冷却至室温后，称量干试样质量 G_1。
第 5 步	按式（6-11）和式（6-12）分别计算以干试样为基准的吸水率 $m_干$ 和以饱和面干试样为基准的吸水率 $m_饱$（精确至 0.01%）。 $$m_干 = \frac{G_3 - G_1}{G_1} \times 100\%　　　　公式（6-11）$$ $$m_饱 = \frac{G_3 - G_1}{G_3} \times 100\%　　　　公式（6-12）$$ 式中：$m_干$ 为干试样为基准的吸水率，%；$m_饱$ 为以饱和面干试样为基准的吸水率，%；G_1 为烘干试样的质量，g；G_2 为试样在水中的质量，g；G_3 为饱和面干试样在空气中的质量，g。
第 6 步	以两次测值的算术平均值作为试验结果。若两次视密度测值之差大于 20 kg/m³，或两次吸水率试验值相差大于 0.2%，须重新试验。
第 7 步	清洁、整理试验仪器。

6.4.6　粗骨料堆积密度及空隙率试验

粗骨料的堆积密度有松散堆积密度和紧密堆积密度之分，供评定粗骨料品质、选择骨料级配之参考，且是混凝土配合比设计的必要资料。此外，还可根据它计算粗骨料松散状态下的质量和体积，或用以估计运输工具的数量及堆场面积等。

主要用到的仪器设备：振动台、钢筋、台秤、容量筒（5 L、10 L、15 L、80 L）、取样铲、直尺等。

试验步骤如表 6-6 所示。

表 6-6 粗骨料堆积密度及空隙率试验操作步骤表

操作步数	操作内容
第1步	对于检测（松散）堆积密度，用取样铲取样，试样从容量筒筒口上方 50 mm 高度处均匀地以自由落体落入筒内，装满容量筒并使容量筒上部试样成锥体，然后用直尺沿筒边缘刮去高出的试样，并用适合的颗粒填平凹凸处，使表面凸起部分与凹陷部分的体积大致相等。
第2步	对于检测紧密堆积密度，将容量筒置于坚实的平地上，在筒底垫一根 ∅ 25 mm 的钢筋，用取样铲将试样分 3 层自距容量筒上口 50 mm 高度处装入筒中，每装完一层后，将筒口按住，左右交替颠击 25 次；或用取样铲将试样自距容量筒上口 50 mm 高度处一次装入筒中，试样装填完毕后稍加平整表面，用振动台振动 2～3 min。再加试样直至超过筒口，并按上述松散堆积密度的试验方法平整表面。
第3步	称量试样和容量筒的总质量 G_2。
第4步	试验结果处理： 按式（6-13）计算堆积密度 γ_0（精确至 10 kg/m^3） $$\gamma_0 = \left(\frac{G_2 - G_1}{V}\right) \times 1000 \qquad \text{公式（6-13）}$$ 式中：γ_0 为堆积密度，kg/m^3；G_1 为容量筒的质量，kg；G_2 为容量筒加试样的总质量，kg；V 为容量筒的容积，L。 按式（6-14）计算空隙率 P_0（精确至 1%） $$P_0 = \left(1 - \frac{\gamma_0}{\rho_{\mp} \times 1000}\right) \times 100\% \qquad \text{公式（6-14）}$$ 式中：P_0 为空隙率，%；γ_0 为试样的堆积密度，kg/m^3；$\rho_{\mp}$ 为试样的表观密度，g/cm^3。
第5步	取两次试验测定值的算术平均值作为试验结果。若两次堆积密度测值相差大于 20 kg/m^3，须重新取样试验。
第6步	清洁、整理试验仪器。

6.4.7　粗骨料级配试验

本试验测定卵石或碎石的颗粒级配，供混凝土配合比设计时选择骨料级配之用。

主要用到的仪器设备：粗骨料标准套筛、磅秤（量程 0～50 kg，分度值 50 g）、台秤、摇筛机等。

试验步骤如表 6-7 所示。

表 6-7　粗骨料级配试验操作步骤表

操作步数	操作内容
第1步	用四分法选取风干（或烘干）试样 2 份，当骨料最大粒径为 20 mm、40 mm、80 mm 及 150（120）mm 时，每份试样质量分别不少于 10 kg、20 kg、50 kg 及 200 kg。
第2步	石子标准筛的孔径为 2.36 mm、4.75 mm、9.50 mm、16.00 mm、19.00 mm、26.50 mm、31.50 mm、37.50 mm、53.00 mm、63.00 mm、75.00 mm、90.00 mm。将试样装入套筛顶部筛后，启动摇筛机，用摇筛机摇 10 min，取下套筛，依筛孔尺寸由大到小顺序逐个手工过筛，直到每分钟的通过量不超过试样总量的 0.1％为止。通过的颗粒并入下一号筛中，一起过筛，直至各号筛全部筛完。在每号筛上的筛余平均层厚应不大于试样的公称最大粒径值，如超过此值，应将该号筛上的筛余分成两份，分别进行筛分。
第3步	称出各号筛上的筛余量，精确至 1 g。粒径大于 150 mm 的颗粒，也应称出筛余量。分计筛余百分率的计算方法和累计筛余百分率的计算方法与砂的相关计算方法相同。
第4步	计算分计筛余百分率，即各筛上的筛余量占试样总量的百分率，精确至 0.1％。
第5步	计算各号筛上的累计筛余百分率，即该号筛上的分计筛余百分率与大于该号筛上的分计筛余百分率的总和，精确至 0.1％。
第6步	取两次试验测定值的算术平均值作为试验结果。筛分后，如所有筛余量之和与原试样总量相差超过 1％，则须重新试验。
第7步	根据各筛的累计筛余百分率，查看表 6-8 评定该试样的颗粒级配。
第8步	清洁、整理试验仪器。

表 6-8 粗骨料级配查询表

级配情况	公称粒径/mm	累计筛余百分率/%（方孔筛/mm）											
		2.36	4.75	9.50	16.0	19.0	26.5	31.5	37.5	53.0	63.0	75.0	90.0
连续粒径	5~10	95~100	80~100	0~15	0	—	—	—	—	—	—	—	—
	5~16	—	85~100	30~60	0~10	0	—	—	—	—	—	—	—
	5~20	—	90~100	40~80	—	0~10	0	—	—	—	—	—	—
	5~25	—	90~100	—	30~70	—	0~5	0	—	—	—	—	—
	5~31.5	—	90~100	70~90	—	15~45	—	0~5	0	—	—	—	—
	5~40	—	95~100	70~90	—	30~65	—	—	0~5	0	—	—	—
单粒径	10~20	—	95~100	85~100	—	0~15	0	—	—	—	—	—	—
	16~31.5	—	95~100	—	85~100	—	—	0~10	0	—	—	—	—
	20~40	—	—	—	95~100	80~100	—	—	0~10	0	—	—	—
	31.5~63	—	—	—	—	—	—	75~100	45~75	—	0~10	0	—
	40~80	—	—	—	—	95~100	—	—	70~100	—	30~60	0~10	0

6.4.8　粗骨料压碎指标试验

粗骨料是配制混凝土的重要材料，它的强度可以用标准立方体试样抗压试验测定，也可以用压碎指标试验测定。

主要用到的仪器设备：万能试验机、石子筛、天平、石子压碎仪。

试验步骤如表 6-9 所示。

表 6-9　粗骨料压碎指标试验操作步骤表

操作步数	操作内容
第 1 步	称量 3000 g 粒径在 9.5 mm～19.0 mm 之间的骨料，分为两层装入石子压碎仪承压桶，每一层转入后，在底盘垫一个直径 10 mm 的圆钢，左右交替摇晃 25 下，平整膜内试样表面，盖上压头，当装不下 3000 g 试样时，以装至石子压碎仪圆模上口 10 mm 为准。用万能试验机进行抗压试验，加压到 200 kN，稳定荷载 5 s。
第 2 步	用 2.36 mm 石子筛过筛，充分筛分。
第 3 步	试验结果处理： 按式（6-15）计算 Q_a $$Q_a = \frac{G_1 - G_2}{G_1} \times 100\% \qquad 公式（6-15）$$ 式中：Q_a 为粗骨料压碎指标；G_1 为试样的质量，g；G_2 为试验后筛余试样的质量，g。
第 4 步	清洁、整理试验仪器。

6.5　混凝土骨料试验多学科联想拓展

混凝土的骨料体积占混凝土总体积的 60%～80%，骨料质量直接影响着混凝土的质量，特别是对于高强、高性能混凝土尤为重要。如高速铁路无砟轨道、大跨度钢筋混凝土桥梁、山区深埋隧道钢筋混凝土、超高建筑等，对混凝土骨料的要求更为严格，对于细骨料中的云母含量、含泥量、泥块含量及骨料坚固性提出更高要求，对于粗骨料中的针片状骨料含量要求进行最高限制。由于天然骨料的存量减少，人工骨料产量加大，针片状的粗骨料含量较多，因此在生产工艺方面也提出更高要求。骨料中的含泥量对于混凝土外加剂的影响也非常大，特别是对应用较多的聚羧酸减水剂也有较大影响，对如何采用智能的生产线设计提出了现实的要求。理想的工艺应该是，一面运输传送带，自动电子识别针片状骨料，高压静电智能筛去除骨料里的泥土颗粒，传送带高精度自动计量，骨料含水率自动电子探测，等等。

随着社会的发展，混凝土粗、细骨料用量越来越大，骨料的开采成本巨大，山体石材开采、破碎、筛分、水洗等环节较多，形成一定环保问题。用人工合成材料代替天然粗、细骨料，并且技术指标达到天然材料的效果，甚至优于天然材料，不仅能满足各种建设的需要，也给土木工程材料带来革命性变化。人工合成材料还能够降低环境负荷，真正实现绿色建筑。

第7章　混凝土拌和物试验

混凝土拌和物的性能直接关系到混凝土施工工艺的选择及施工质量，对硬化混凝土的物理力学性能也有很大影响。

7.1　相关知识点及概念

7.1.1　和易性

和易性是指混凝土拌和物易于施工操作的性能，包括满足搅拌、运输、浇筑、振捣等要求，并最终获得质量均匀、成型密实的混凝土的性能。包含流动性、黏聚性、保水性三方面含义。测定方法有坍落度法、坍落扩展度法、维勃稠度法。

7.1.2　影响和易性的因素

影响和易性的因素主要有水泥品种、集料的性质、水泥浆数量、水灰比、砂率、外加剂、时间、温度等。

7.1.3　和易性的调整

和易性满足不了设计要求时，要对和易性进行调整。若和易性坍落度过小，则保持水灰比不变，适量增加水泥浆的用量；若和易性坍落度过大，则保持砂率不变，适量增加砂石用量；改善集料的级配也可以改善混凝土的和易性，并增加混凝土的黏聚性和保水性；掺加减水剂或引气剂，可以快速改善混凝土的和易性；选用最优砂率，当黏聚性不足时可适当增加砂率以改善和易性。

7.1.4 水灰比

水灰比是指配制 1 m³ 混凝土的用水量与水泥的用量之比，水灰比与混凝土的强度成反比。一般来说，水灰比越大，混凝土强度越低；反之则高。国家规范规定了不同混凝土结构的水灰比的最高限值，应严格遵守。

7.1.5 砂率

砂率是指配制 1 m³ 混凝土的用砂量与用砂、石总的质量之比，砂率越大，一般新拌混凝土流动性较好。配制优质混凝土需要合理控制砂率。

7.1.6 外加剂

外加剂是指在拌制混凝土时加入的很少的量，能使混凝土拌和物在不增加水泥用量的条件下，获得很好的和易性，增大流动性和改善、降低泌水性，并且优化混凝土的内部组织结构，提高混凝土的强度和耐久性的物质。

7.1.7 时间和温度

新拌混凝土随着时间的推移、龄期（d，以天为单位）的增长，流动性减弱，逐渐干稠，逐步硬化、固化。新拌混凝土受温度的影响十分明显，温度升高，水分蒸发加快，水分损失迅速，水泥水化加快，坍落度损失加快，在施工中需特别注意。

7.1.8 新拌混凝土的凝结时间

通常用贯入阻力仪测定混凝土拌和物的凝结时间。

7.1.9 拌制混凝土拌和物的一般规定

①在实验室制备混凝土拌和物时，室内温度应保持在（20±5）℃，所用材料的温度应与室温相同。

②拌和混凝土用的各种用具（搅拌机、钢板和铁铲等），应事先清洗干净并保持表面润湿。

③材料的用量以质量计。称量的精度要求：骨料为±0.5%；水、水泥（及掺合料）和外加剂为±0.3%。

④粗、细骨料用量以饱和面干状态为准（或以干燥状态为准）。

7.1.10　拌制混凝土拌和物的一般方法

1. 人工拌和

人工拌和在钢板上进行。一般用于拌制数量较少的混凝土。

①将称好的细骨料、胶凝材料（水泥和掺合料预先拌均匀）按顺序倒在钢板上，用铁铲翻拌至颜色均匀，再放入称好的粗骨料与其拌和，至少翻拌 3 次，然后堆成锥形。

②在锥形中间扒成凹坑，加入拌和用水（外加剂一般先溶于水），小心拌和，至少翻拌 6 次。每翻拌一次后，用铁铲将全部混凝土拌和物铲切一遍。拌和时间从加水完毕时算起，应在 10 min 内完成。

2. 机械拌和

机械拌和在混凝土搅拌机［容量 50～100 L，转速（18～22）r/min］中进行，一次拌和量不宜少于搅拌机容量的 20%，也不宜大于搅拌机容量的 80%。

①拌和前，应先预拌少量同种混凝土拌和物（或与所拌混凝土水灰比相同的砂浆），使搅拌机内壁挂浆后将剩余料卸出。

②将称好的粗骨料、胶凝材料、细骨料和水（外加剂一般先溶于水）依次加入搅拌机内，立即开动搅拌机，拌和 2～3 min。对于高强混凝土、高性能混凝土的拌制可采用二次拌和方法。

③将拌好的混凝土拌和物倒在钢板上，刮出黏附在搅拌机内的拌和物，再人工翻拌 2～3 次，使之均匀。

7.2　试验内容及要测定的试验参数

混凝土拌和试验有和易性试验、维勃稠度试验、扩散度试验、表观密度试验、含气量试验、凝结时间试验（贯入阻力法）。

7.3 试验步骤

7.3.1 和易性试验

混凝土拌和物和易性试验的目的是，检验混凝土拌和物是否满足施工所要求的流动性、黏聚性和保水性条件。混凝土拌和物和易性试验常用的方法有：坍落度试验、维勃稠度（工作度）试验和扩散度试验。碾压混凝土拌和物用工作度 VC 值表示其干硬程度。

坍落度试验是以标准截圆锥形混凝土拌和物在自重作用下的坍陷值来确定拌和物的流动性，并根据试验过程中的观察判定拌和物黏聚性和保水性的好坏。这种方法适用于骨料最大粒径不超过 40 mm、坍落度值为 10～230 mm 的塑性和流动性混凝土拌和物。当骨料最大粒径超过 40 mm 时，应用湿筛法将大于 40 mm 的颗粒剔除再进行试验（并做记录）。

主要用到的仪器设备：坍落度筒、弹头捣棒、300 mm 钢尺 2 把、40 mm 孔径筛、装料漏斗、镘刀、小铁铲、温度计、钢板等。

试验步骤如表 7-1 所示。

表 7-1　坍落度试验及其他性质观察操作步骤表

操作步数	操作内容
第 1 步	润湿坍落度筒的内壁及拌和钢板的表面，并将坍落度筒放在钢板上，用双脚踏紧踏脚板。
第 2 步	将拌好的混凝土拌和物用小铁铲通过装料漏斗分 3 层装入筒内，每层体积大致相等（底层厚约 70 mm，中层厚约 90 mm），装入的试样必须均匀并具有代表性。
第 3 步	每装一层，用弹头捣棒在筒内全部面积上，由边缘到中心，按螺旋方向均匀插捣 25 次（底层插捣到底，中、顶层应插到下一层表面以下 10～20 mm）。
第 4 步	顶层插捣时，如混凝土沉落到低于筒口，则应随时添加（也不可添加过多，使砂浆溢出）。捣完后，取下装料漏斗，用镘刀将混凝土拌和物沿筒口抹平，并清除筒外周围的混凝土。
第 5 步	在 5～10 s 内将坍落度筒垂直平稳地提起，不得歪斜。将坍落度筒轻放于试样旁边，当试样不再继续坍落时，用钢尺量出坍落度筒高度与试样顶部中心点高度之差，即为坍落度值，准确至 1 mm。整个坍落度试验应连续进行，并在 2～3 min 内完成。

续表

操作步数	操作内容
	提起坍落度筒后，若混凝土试体发生崩坍或剪坏，则应取其余部分试样再做试验。如第二次试验仍出现上述现象，则表示该混凝土黏聚性及保水性不良，应予记录备查。黏聚性及保水性不良的混凝土，所测得的坍落度值不能作为混凝土拌和物和易性的评定指标。
第 6 步	①混凝土拌和物的坍落度以毫米计，取整数。 ②测量坍落度的同时，应目测混凝土拌和物的下列性质： a. 棍度：根据坍落度试验时插捣混凝土的难易程度分为上、中、下三级。上，表示容易插捣；中，表示插捣时稍有阻滞感觉；下，表示很难插捣。 b. 黏聚性：用捣棒在已坍落的混凝土锥体一侧轻打，如锥体渐渐下沉，表示黏聚性良好；如锥体突然倒坍、部分崩裂或发生粗骨料离析，即表示黏聚性不好。 c. 含砂情况：根据用镘刀抹平的难易程度分为多、中、少三级。多时，用镘刀抹混凝土拌和物表面时，抹 1～2 次就可使混凝土表面平整无蜂窝；中时，抹 4～5 次可使混凝土表面平整无蜂窝；少时，抹面困难，抹 8～9 次后混凝土表面仍不能消除蜂窝。 d. 析水情况：根据稀浆从混凝土拌和物中析出的情况分为大量、少量、无三级。大量，表示在坍落度试验插捣时及提起坍落度筒后有很多稀浆从底部析出；少量，表示有少量稀浆析出；无，表示没有明显的稀浆析出。
第 7 步	清洁、整理试验仪器。

7.3.2　维勃稠度试验

维勃稠度是指，按标准方法成型的截头圆锥形混凝土拌和物，经振动至摊平状态时所需的时间（s）。维勃稠度值小者，流动性较好。维勃稠度试验适用于测定骨料最大粒径不超过 40 mm、维勃稠度在 5～30 s 之间的混凝土拌和物的稠度。当骨料最大粒径超过 40 mm 时，应用湿筛法剔除粒径大于 40 mm 的颗粒（并做记录），然后进行试验。

主要用到的仪器设备：维勃稠度测定仪（如图 7-1 所示），（由振动台［频率（50±3.3）Hz，空载振幅（0.5±0.1）mm］、容量筒、无踏脚板的坍落度筒、透明圆盘及旋转架等组成）、秒表、镘刀、弹头捣棒、小铁铲、钢板。

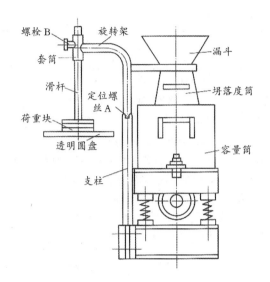

图 7-1　混凝土拌和物维勃稠度测定仪

试验步骤如表 7-2 所示。

表 7-2　维勃稠度试验操作步骤表

操作步数	操作内容
第 1 步	润湿一切需与混凝土拌和物接触的工具。
第 2 步	将容量筒用螺母固定于振动台台面上。把坍落度筒安放在容量筒内并中线对齐，将旋转架旋转至使漏斗位于坍落度筒的顶上，拧紧螺丝 A，以保证坍落度筒不能离开容量筒底部。
第 3 步	将拌好的混凝土拌和物分 3 层装入坍落度筒，装料及捣实方法与坍落度试验相同。顶层插捣完毕后，松开螺丝 A，将旋转架旋转 90°，再拧紧螺丝 A，用镘刀刮平坍落度筒顶面。
第 4 步	将坍落度筒小心缓慢地垂直提起，混凝土拌和物慢慢坍陷。然后，放松螺丝 A 和螺栓 B，把透明圆盘转到混凝土锥体上部，小心降下圆盘直至与混凝土的顶面接触，拧紧螺栓 B（此时可从滑杆上的刻度读出坍落度数值）。
第 5 步	重新拧紧螺丝 A，放松螺栓 B，启动振动台，同时用秒表计时。当透明圆盘的整个底面都与水泥浆接触时（允许存在少量闭合气泡），立即卡停秒表。秒表读数（精确至 0.5 s）即为混凝土拌和物的维勃稠度值。
第 6 步	清洁、整理试验仪器。

7.3.3 扩散度试验

混凝土拌和物的扩散度是指,混凝土拌和物坍落度圆锥体在自重作用下逐渐扩散后的直径,用来评定拌和物的流动性。扩散度试验适用于骨料最大粒径不超过 30 mm、坍落度值大于 150 mm 的流态混凝土。

主要用到的仪器设备:500 mm 钢尺、坍落度筒、弹头捣棒、300 mm 钢尺 2 把、40 mm 孔径筛、装料漏斗、镘刀、小铁铲、温度计、钢板等。

试验步骤如表 7-3 所示。

表 7-3 扩散度试验操作步骤表

操作步数	操作内容
第 1 步	润湿坍落度筒的内壁及拌和钢板的表面,并将坍落度筒放在钢板上,用双脚踏紧踏板。
第 2 步	将拌好的混凝土拌和物用小铁铲通过装料漏斗分 3 层装入坍落度筒内,每层体积大致相等(底层厚约 70 mm,中层厚约 90 mm),装入的试样必须均匀并具有代表性。
第 3 步	每装一层,用弹头捣棒在筒内全部面积上,由边缘到中心,按螺旋方向均匀插捣 25 次(底层插捣到底,中、顶层应插到下一层表面以下 10~20 mm)。
第 4 步	顶层插捣时,如混凝土沉落到低于筒口,则应随时添加混凝土(也不可添加过多,使砂浆溢出)。捣完后,取下装料漏斗,用镘刀将混凝土拌和物沿筒口抹平,并清除筒外周围的混凝土。
第 5 步	将坍落度筒垂直提起,拌和物在自重作用下逐渐扩散,当拌和物不再扩散或扩散时间达到 60 s 时,用钢尺在不同方向量取拌和物扩散后的直径 2~4 个,精确至 1 mm。扩展度越大证明混凝土流动性越好。整个扩散度试验应连续进行,并在 4~5 min 内完成。
第 6 步	清洁、整理试验仪器。

7.3.4 混凝土拌和物表观密度试验

混凝土拌和物的表观密度是混凝土的重要指标之一,并为混凝土配合比计算提供依据。当已知所用材料的密度时,还可由此推算出混凝土拌和物的含气量。

主要用到的仪器设备:

①容量筒。对骨料最大粒径不大于 40 mm 的混凝土拌和物，采用容积不小于 5 L 的容量筒，其内径与净高均为（186±2）mm；当骨料最大粒径为 80 mm 时，用 15 L 的容量筒，其内径、净高均为 267 mm；当骨料最大粒径为 150（120）mm 时，用 80 L 的容量筒，其内径、净高均为 467 mm。

②磅秤。磅秤的称量范围应与容量筒大小相适应，较多选用量程 50～250 kg、分度值 50～100 g 的磅秤。

③弹头捣棒、厚玻璃板、镘刀、小铁铲、装料漏斗、筛等。

试验步骤如表 7-4 所示。

表 7-4　混凝土拌和物表观密度试验操作步骤表

操作步数	操作内容
第 1 步	用湿布把容量筒内外擦干净，称出筒的质量 G_1。
第 2 步	混凝土拌和物的装料及捣实方法应根据拌和物的稠度而定。坍落度不大于 70 mm 的混凝土，用振动台振实为宜；大于 70 mm 的，用弹头捣棒捣实为宜。采用振动台振实时，应一次将混凝土拌和物装入容量筒内，并略高于筒口。装料时可用弹头捣棒稍加插捣，振动过程中如混凝土沉落到低于筒口，则应随时添加，振动至表面出浆为止。
第 3 步	采用弹头捣棒捣实时，应分层装料，每层混凝土的厚度不超过 150 mm，用弹头捣棒在筒内由边缘到中心沿螺旋方向均匀插捣。底层插捣到底，上层则应插到下一层表面以下 10～20 mm。每层的插捣次数按容量筒的容积分为：5 L 的 15 次、15 L 的 35 次、80 L 的 72 次。
第 4 步	用镘刀沿筒口刮除多余的拌和物，抹平表面，将容量筒外部擦净，称出混凝土加容量筒的总质量，记为 G_2，精确至 50 g。
第 5 步	试验结果处理： 按式（7-1）计算混凝土拌和物的实测表观密度 γ（精确至 10 kg/m³） $$\gamma = \frac{G_2 - G_1}{V} \times 1000 \qquad \text{公式（7-1）}$$ 式中：γ 为混凝土拌和物的表观密度，kg/m³；G_1 为容量筒的质量，kg；G_2 为容量筒加混凝土拌和物的总质量，kg；V 为容量筒的容积，L。 按式（7-2）计算混凝土拌和物的含气量 A $$A = \frac{\gamma_0 - \gamma}{\gamma_0} \times 100\% \qquad \text{公式（7-2）}$$ $$\gamma_0 = \frac{C + P + S + G + W}{\dfrac{C}{\rho_C} + \dfrac{P}{\rho_P} + \dfrac{S}{\rho_S} + \dfrac{G}{\rho_G} + \dfrac{W}{\rho_w}} \qquad \text{公式（7-3）}$$

操作步数	操作内容
	式中：A 为混凝土拌和物的含气量，%；γ 为混凝土拌和物的表观密度，kg/m^3；γ_0 为混凝土拌和物不含气时的理论表观密度，按式（7-3）计算，kg/m^3；W、C、P、S 和 G 分别为混凝土拌和物中水、水泥、掺合料、细骨料和粗骨料的质量，kg；ρ_W、ρ_C 和 ρ_P 分别为水、水泥和掺合料的密度，kg/m^3；ρ_S 和 ρ_G 分别为细骨料和粗骨料的表观密度，kg/m^3。
第6步	清洁、整理试验仪器。

7.3.5　混凝土拌和物含气量试验

混凝土含气量的多少，对混凝土和易性、强度及耐久性均有很大的影响，含气量也是影响混凝土质量的重要指标之一。混凝土拌和物含气量试验适用于骨料最大粒径不大于 40 mm 的混凝土拌和物。当骨料最大粒径超过 40 mm 时，应用湿筛法剔除粒径大于 40 mm 的颗粒，此时测出的结果不是原级配混凝土的含气量，需要时可根据配合比进行换算。

主要用到的仪器设备：气压式含气量测定仪或注水直读式气压含气量测定仪（如图 7-2 所示）、振动台、弹头捣棒、打气筒和镘刀、小铁铲、装料漏斗等。

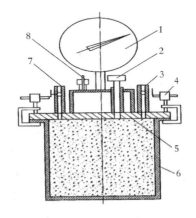

图 7-2　含气量测定仪

1—压力-含气量表；2—气室操作阀；3—进水阀；4—固定夹板；

5—上盖；6—钵体；7—排气阀；8—进气阀

试验步骤如表 7-5 所示。

表 7-5 混凝土拌和物含气量试验操作步骤表

操作步数	操作内容
第 1 步	按说明书率定含气量测定仪。
第 2 步	用水润湿含气量测定仪内壁，将拌好的混凝土拌和物均匀适量地装入钵体内（装料方法与表观密度试验相同）。当坍落度不大于 70 mm 时，用振动台振实，振动时间以 15～30 s 为宜；当坍落度大于 70 mm 时，人工捣实，将拌和物分 3 层装入，每层用弹头捣棒插捣 25 次。
第 3 步	刮去钵体表面多余的混凝土拌和物，用镘刀仔细抹平，使表面光滑无气泡。
第 4 步	擦净容器边缘，垫好橡皮圈，盖严钵体。
第 5 步	关好操作阀，用打气筒往气室内打气加压。按含气量测定仪说明书规定测定混凝土拌和物的含气量。
第 6 步	试验结果处理： 按式（7-4）计算混凝土拌和物的含气量 A（精确至 0.1%） $$A = A_1 - C \qquad 公式（7-4）$$ 式中：A 为混凝土拌和物的含气量，%；A_1 为仪器测得的混凝土拌和物的含气量，%；C 为骨料校正因素，%。
第 7 步	以两次测值的算术平均值为试验结果。如两次测值之差超过平均值的 0.5%，需找出原因，重做试验。
第 8 步	清洁、整理试验仪器。

7.4 混凝土拌和物试验多学科联想拓展

混凝土生产拌和时，加水的顺序及用量，砂石的加入顺序及加入的数量，这些问题还要靠科技的进步来监控。精确搅拌主要是使水泥完全水化，水化程度如何，水泥颗粒包裹到砂子和石子的程度，及新拌混凝土材料搅拌先后顺序的不同，导致的混凝土性质的差别还应进一步细化研究。对这些参数的实时掌握可以采用非接触光学或电子仪器来探测，比等到混凝土搅拌完成后再做坍落度试验验证其工作性更为合适。实时探测可使混凝土的搅拌技术水平得到进一步提升，达到对混凝土拌和物质量更为精确的检测效果。

第8章　混凝土配合比及技术性质试验

混凝土配合比及技术性质试验是确定混凝土组成材料的各个用量及控制、提高混凝土质量的重要手段。主要包括混凝土的力学性能、热学性质及耐久性试验等。具体分为混凝土立方体抗压强度、混凝土轴心抗压强度、劈裂抗拉强度、静力受压弹性模量、抗渗性、抗冻性等试验。

8.1　相关知识点及概念

8.1.1　混凝土立方体抗压强度与等级

按照国家标准 GB/T 50081—2002《普通混凝土力学性能试验方法》，将混凝土拌和物制成边长 150 mm 的立方体试件，在标准条件［温度（20℃±2）℃，相对湿度 95％以上］下养护到 28 d 龄期，测得的抗压强度为混凝土立方体试件抗压强度（简称立方体抗压强度），以 f_{cu} 表示。普通混凝土立方体抗压强度等级为 C15、C20、C25、C30、C35、C40、C45、C50、C55、C60、C65、C70、C75、C80。

8.1.2　混凝土轴心抗压强度及静力受压弹性模量

采用 150 mm×150 mm×300 mm 棱柱体作为标准试件，标准养护 28 d 后测得的抗压强度为混凝土轴心抗压强度，以 f_c 表示。混凝土抗压强度在 10～55 MPa 范围内时，轴心抗压强度 f_c 为 0.7～0.8 f_{cu}。在此试件基础上，可以利用万能试验机及微变形测量仪测量出混凝土的静力受压弹性模量，即压缩应力与应变之比。

8.1.3 混凝土劈裂抗拉强度

混凝土是一种典型的脆性材料，抗拉强度很小，其抗拉强度只有抗压强度的 $1/10 \sim 1/20$。抗拉强度对于混凝土开裂性有重要影响。混凝土抗拉强度，也称为劈裂抗拉强度以 f_{ts} 表示，用立方体劈裂抗拉强度试验来测定。

$$f_{ts} = \frac{2F}{\pi A} = 0.637 \frac{F}{A} \qquad\qquad 公式（8-1）$$

式中：f_{ts}——混凝土劈裂抗拉强度，MPa；

$\quad\quad\ F$——破坏荷载，N；

$\quad\quad\ A$——试件劈裂面面积，mm^2。

8.1.4 混凝土抗折强度

采用 150 mm×150 mm×600 mm 的棱柱体，按照《普通混凝土力学性能试验方法》要求，在万能试验机上采用专用的抗折试验装置（试样 3 分点处同时加载）进行抗折试验。若为 100 mm×100 mm×400 mm 非标准试件，试验机显示的最大数值应乘换算系数 0.85。当混凝土强度等级≥C60 时，宜采用标准试件，使用非标准试件时，尺寸换算系数应由试验确定。

8.1.5 混凝土抗渗性

混凝土抗渗性是指混凝土抵抗压力水渗透的能力，通过渗透性试验可以确定混凝土的抗渗等级是否满足设计要求。混凝土抗渗等级用 P6、P8、P10、P12 表示，对应表示能抵抗 0.6 MPa、0.8 MPa、1.0 MPa、1.2 MPa 的静水压力而不渗水。

8.1.6 混凝土抗冻性

混凝土抗冻性是以混凝土试件在规定条件下能够经受的冻融循环次数为指标来反映其抵抗冻融破坏能力的。抗冻性是混凝土耐久性的重要指标之一，通过试验可以评定抗冻等级，有 F10、F15、F25、F50、F100、F150、F200、F250、F300 共 9 个等级，相应表示在标准试验条件下，混凝土能承受冻融循环次数不少于 10、15、25、50、100、150、200、250、300 次。

8.1.7　混凝土碳化性

混凝土碳化指空气中的二氧化碳在有水存在的条件下，与水泥石中的氢氧化钙反应，生成碳酸钙和水的过程。

反应方程式为：

$$Ca(OH)_2 + CO_2 + H_2O = CaCO_3 \downarrow + 2H_2O$$

碳化过程是随着二氧化碳不断向混凝土内部扩散，而由表及里缓慢进行的。碳化的危害主要有：使混凝土碱性降低，减弱了对钢筋的防锈保护作用；显著增加混凝土的收缩，使混凝土表面产生拉应力，导致混凝土中出现微细裂纹，使混凝土的抗拉、抗折强度降低。

8.1.8　碱-集料反应

碱-集料反应是指水泥、外加剂等混凝土构成物及环境中的碱与集料中的碱活性矿物在潮湿环境下缓慢发生并导致混凝土开裂破坏的膨胀反应。产生碱-集料反应必须具备三个条件：一是碱含量高，二是集料中存在碱活性矿物，三是环境潮湿。

8.1.9　影响混凝土强度的因素

水泥强度：混凝土的强度与水泥强度成正比例关系。

水灰比：混凝土强度与水灰比成反比例关系。

$$f_{cu} = a_a f_{ce} \left(\frac{C}{W} - a_b \right) \qquad 公式（8-2）$$

式中：$\dfrac{C}{W}$——水灰比（水泥与水质量之比）；

f_{cu}——混凝土 28 d 抗压强度，MPa；

f_{ce}——水泥 28 d 的抗压强度实测值，MPa；

a_a、a_b——回归系数，粗骨料为碎石时，a_a 为 0.46，a_b 为 0.07；

粗骨料为卵石时，a_a 为 0.48，a_b 为 0.33。

外加剂和掺合料：混凝土中加入外加剂，可以改变混凝土的强度及强度发展规律。掺入超细的掺合料，如粉煤灰、火山灰、硅灰等，可以配制高性能、超高强度的混凝土。

生产工艺：机械搅拌、机械振捣可以将混凝土搅拌均匀，使混凝土密实。采用二次振捣、高速搅拌、高频或多频搅拌等可以有效提高混凝土强度。采用标准养护，可保证混凝土强度正常发展。混凝土试样随着龄期的增长，强度也会不断增长，龄期推算公式如下。

$$\frac{f_n}{\lg n} = \frac{f_a}{\ln a}$$ 公式（8-3）

式中：f_n、f_a—— 龄期为 n 天和 a 天的混凝土抗压强度；

n、a —— 养护龄期，d；$a > 3$，$n > 3$。

试验因素：试样的尺寸，除标准尺寸 150 mm³，其他的还有 100 mm³、200 mm³ 等，以 150 mm³ 为标准时，100 mm³ 的抗压强度要乘 0.95，200 mm³ 的抗压强度要乘 1.05。

试验加荷速度：试验加荷速度要复合国家规定，速度过快，则实测值大于真实值；速度过慢，实测值小于真实值。

8.1.10 混凝土的变形性能

化学收缩；干缩变形-湿涨干缩；温度变形；静态性模量；徐变；抗渗性；抗侵蚀性；碱-集料反应。

8.1.11 混凝土的质量基本要求

①具有与施工条件相适应的和易性。
②满足混凝土结构设计的强度等级。
③具有适应所处环境条件的耐久性。
④在保障以上要求前提下的经济性。

8.1.12 混凝土配合比设计

混凝土配合比设计是指，混凝土中各组成材料数量之间的比例关系设计。常用的表示方法有：
①以每 1 m³ 混凝土中各项材料的质量表示。
②以各项材料互相间的质量比来表示（以水泥质量为 1）。主要参数有水灰比、砂率、单位用水量这三个重要参数。

混凝土配置强度的计算：

$$f_{cu,o} = f_{cu,k} + 1.645\sigma \qquad\text{公式 (8-4)}$$

式中：$f_{cu,o}$——混凝土配置强度，MPa；

$f_{cu,k}$——混凝土立方体抗压强度标准值，MPa；

σ——混凝土标准差，MPa。

重量法：

$$m_{co} + m_{go} + m_{so} + m_{wo} = m_{cp} \qquad\text{公式 (8-5)}$$

$$\beta_s = \frac{m_{so}}{m_{go} + m_{so}} \times 100\%$$

式中：m_{so}——每立方米混凝土的细集料用量，kg；

m_{go}——每立方米混凝土的粗集料用量，kg；

m_{co}——每立方米混凝土的水泥用量，kg；

m_{wo}——每立方米混凝土的水用量，kg；

m_{cp}——每立方米混凝土的假设质量，kg；

β_s——砂率，%。

体积法：

$$\frac{m_{co}}{\rho_c} + \frac{m_{go}}{\rho_g} + \frac{m_{so}}{\rho_s} + \frac{m_{wo}}{\rho_w} + 0.01\alpha = 1 \qquad\text{公式 (8-6)}$$

$$\beta_s = \frac{m_{so}}{m_{go} + m_{so}} \times 100\%$$

式中：ρ_c——水泥密度，kg/m³；

ρ_g——粗集料表观密度，kg/m³；

ρ_s——细集料表观密度，kg/m³；

ρ_w——水的密度，kg/m³；

α——混凝土含气量百分数，%；

m_{so}——每立方米混凝土的细集料用量，kg；

m_{go}——每立方米混凝土的粗集料用量，kg；

m_{co}——每立方米混凝土的水泥用量，kg；

m_{wo}——每立方米混凝土的水用量，kg。

8.2　试验内容及要测定的试验参数

混凝土配合比及技术性质试验有混凝土抗压强度、混凝土劈裂抗拉强度、混凝土抗折强度、混凝土抗渗性、混凝土抗冻性等试验。

8.3 试验步骤

8.3.1 混凝土抗压强度试验

根据混凝土配合比设计理论，先计算配制混凝土所用材料的主要参数和各个材料的用量，按要求进行试配，标准养护，达到 28 d 后进行抗压强度试验。测定混凝土抗压强度的目的是，检验混凝土的抗压强度是否满足设计要求。以边长 150 mm 的立方体试件为标准试件。混凝土骨料的最大粒径不应大于 40 mm。

主要用到的仪器设备：压力试验机、钢制垫板、标准试模、钢尺。

试验步骤如表 8-1 所示。

表 8-1 混凝土抗压强度试验操作步骤表

操作步数	操作内容
第 1 步	试件到达试验龄期时，从养护室取出，并尽快试验。试验前须用湿布覆盖试件，防止试件内部的温、湿度发生显著变化。
第 2 步	试验前将试件擦拭干净，测量尺寸，精确至 1 mm，并据此计算受压面积（当实测尺寸与公称尺寸之差不超过 1 mm 时，可按公称尺寸计算受压面积）。试件承压面的不平度不超过边长的 0.05%，承压面与相邻面的垂直度偏差不大于 ±1°。当试件有严重缺陷时，应废弃。
第 3 步	将试件放在压力试验机下压板的正中央，上、下压板与试件间宜加垫板，承压面与试件成型时的顶面（捣实方向）垂直。启动试验机，当上垫板与上压板行将接触时，如有明显偏斜，应调整球座，使试件均匀受压。
第 4 步	在试验过程中应连续均匀地加荷，混凝土强度等级小于等于 C30 时，加荷速度为 0.3~0.5 MPa/s；混凝土强度等级大于 C30 且小于 C60 时，加荷速度为 0.5~0.8 MPa/s；混凝土强度等级不小于 C60 时，加荷速度为 0.8~1.0 MPa/s。当试件接近破坏而开始迅速变形时，停止调整试验机油门，直至试件破坏。记录破坏荷载 P。

续表

操作步数	操作内容
第 5 步	试验结果处理： 按式（8-7）计算混凝土立方体抗压强度 f_{cc}（精确至 0.1 MPa） $$f_{cc}=P/A \qquad\qquad 公式（8-7）$$ 式中：f_{cc} 为抗压强度，MPa；P 为破坏荷载，N；A 为试件承压面积，mm^2。
第 6 步	以 3 个试件测值的算术平均值作为该组试件的试验结果。当 3 个测值的最大值、最小值之一，与中间值的差超过中间值的 15% 时，取中间值。如两个测值与中间值之差均超过中间值的 15%，则此组试验结果无效。 混凝土强度等级小于 C60 时，用非标准试件测得的强度值均应乘尺寸换算系数，其值为：对 200 mm×200 mm×200 mm 试件为 1.05；对 100 mm×100 mm×100 mm 试件为 0.95。当混凝土强度等级大于等于 C60 时，宜采用标准试件，使用非标准试件时，尺寸换算系数应由试验确定。
第 7 步	清洁、整理试验仪器。

8.3.2　混凝土劈裂抗拉强度试验

混凝土抗拉强度，分为劈裂抗拉强度和轴心抗拉强度两种。下面仅介绍劈裂抗拉强度试验方法。

主要用到的仪器设备：标准试模（混凝土骨料的最大粒径不应大于 40 mm）、钢垫条（截面为 5 mm×5 mm，长度不小于试件边长。劈裂抗拉强度试验应采用半径为 75 mm 的钢制弧形垫块，垫块的长度与试件相同。垫条为 3 层胶合板制成，宽度为 20 mm，厚度为 3～4 mm，长度不小于试件长度，垫条不得重复使用）、压力试验机、劈裂试验垫条定位架。

试验步骤如表 8-2 所示。

表 8-2　劈裂抗拉强度试验操作步骤表

操作步数	操作内容
第 1 步	试件养护至规定龄期从养护室取出后，应尽快进行试验。试验前，应用湿布覆盖试件。
第 2 步	测试前将试件擦拭干净，检查外观，测量尺寸（要求同混凝土抗压强度试验）。混凝土劈裂抗拉强度试验宜采用劈裂垫条定位架，或在试件成型时的顶面和底面中轴线处画出相互平行的直线，以准确定出劈裂面的位置。

续表

操作步数	操作内容
第3步	将试件及钢垫条安放在压力机上、下承压板的正中央，如图 8-1 所示。 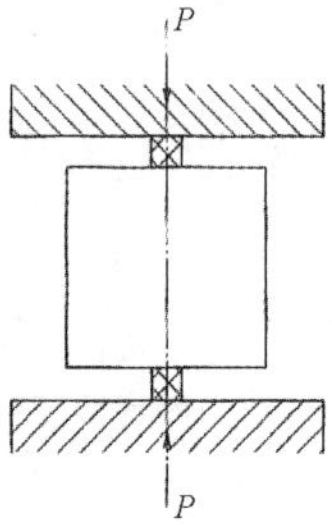 图 8-1 劈裂抗拉强度试验受力示意图
第4步	启动试验机，连续且均匀地（不得冲击）加载。混凝土强度等级小于等于 C30 时，加荷速度为 0.02～0.05 MPa/s；混凝土强度等级大于 C30 且小于 C60 时，加荷速度为 0.05～0.08 MPa/s；混凝土强度等级不小于 C60 时，加荷速度为 0.08～0.10 MPa/s。至试件接近破坏时，应停止调整试验机油门，直至试件破坏，然后记录破坏荷载。
第5步	试验结果处理： 按式（8-8）计算劈裂抗拉强度 f_{ts}（精确至 0.1 MPa） $$f_{ts}=2P/\pi A=0.637P/A \qquad \text{公式（8-8）}$$ 式中：f_{ts} 为劈裂抗拉强度，MPa；P 为破坏荷载，N；A 为试件劈裂面面积，mm^2。
第6步	以 3 个试件测值的算术平均值作为本组试件的试验结果。对异常测值的处理与抗压强度试验相同。 当采用 100 mm×100 mm×100 mm 非标准的立方体试件时，骨料的最大粒径不大于 20 mm，劈裂抗拉强度值应乘尺寸换算系数 0.85。当混凝土强度等级不小于 C60 时，宜采用标准试件；使用非标准试件时，尺寸换算系数应由试验确定。
第7步	清洁、整理试验仪器。

8.3.3 混凝土抗折强度试验

混凝土抗折强度试验根据《普通混凝土力学性能试验方法标准》（GB/T 50081—2002）及《混凝土强度检验评定标准》（GB/T 50107—2010）的规定进行试验。

主要用到的仪器设备：万能试验机、混凝土抗折试验机等。

试验步骤如表 8-3 所示。

表 8-3　混凝土抗折强度试验操作步骤表

操作步数	操作内容
第 1 步	试件从养护室取出后，将试件表面擦干净，尽快试验。
第 2 步	按照图 8-2 装置试件，安装尺寸偏差不得大于 1 mm。试件的承压面为成型时的侧面。支座及承压面与圆柱的接触面应平稳、均匀。 图 8-2　混凝土抗折试验装置示意图 施加荷载应保持均匀、连续。当混凝土强度等级小于 C30 时，加荷速度取每秒 0.02~0.05 MPa；当混凝土强度不小于 C30 且小于 C60 时，取每秒 0.05~0.08 MPa；当混凝土强度等级不小于 C60 时，取每秒 0.08~0.10 MPa。至试件接近破坏时，记录破坏荷载。
第 3 步	试验结果处理： 按式（8-9）计算抗折强度 $$f_t = \frac{Fl}{bh^2} \qquad 公式（8-9）$$ 式中：f_t 为混凝土抗折强度，精确到 0.1 MPa；F 为试件破坏荷载，N；l 为支座间跨度，mm；h 为试件截面积高度，mm；b 为试件截面积宽度，mm。
第 4 步	3 个试件中若有一个折断面位于两个集中荷载之外，则混凝土抗折强度值按另两个试件的试验结果计算，若这两个测值的差值不大于这两个测值的较小值的 15%，则该组试件的抗折强度值按这两个测值的平均值计算，否则该组试件试验无效。若有两个试件的下边缘断裂位置位于两个集中荷载作用线之外，则该组试件试验无效。 当试件尺寸为 100 mm×100 mm×400 mm 非标准试件时，抗折强度值应乘尺寸换算系数 0.85；当混凝土强度等级不小于 C60 时，宜采用标准试件，使用非标准试件时，尺寸换算系数应由试验确定。

续表

操作步数	操作内容
第5步	清洁、整理试验仪器。

8.3.4 混凝土轴心抗压强度及受压弹性模量试验

将棱柱体或圆柱体混凝土试件在轴向压应力作用下反复预压3次后，测定混凝土棱柱体试件或圆柱体试件的应力与弹性应变的比值，称为混凝土静力抗压弹性模量。试验以6个试件为一组，其中3个用于测定轴心抗压强度，3个用于测定静力抗压弹性模量。

主要用到的仪器设备：标准试模［150 mm×150 mm×300 mm的棱柱体或 ⌀150 mm×300 mm的圆柱体（骨料最大粒径为40 mm）］、压力试验机、应变量测装置（精度不低于0.001 mm）、应变片（长度不小于骨料最大粒径的3倍）。

试验步骤如表8-4、表8-5所示。

表 8-4 混凝土轴心抗压强度试验操作步骤表

操作步数	操作内容
第1步	到达试验龄期后，从养护室取出试件，用湿布覆盖，并尽快试验。 测定轴心抗压强度 f_c：试验方法同混凝土立方体抗压强度试验。⌀150 mm×300 mm圆柱体试件的轴心抗压强度换算成150 mm×150 mm×300 mm棱柱体试件的轴心抗压强度时，应乘尺寸换算系数0.95。
第2步	试验结果处理： 按式（8-10）计算试件的轴心抗压强度 f_c（精确至0.1 MPa） $$f_c=\frac{P}{A} \qquad 公式（8-10）$$ 式中：f_c 为轴心抗压强度，MPa；P 为破坏荷载，N；A 为试件承压面积，mm^2。
第3步	以3个试件测值的算术平均值作为该组试件的轴心抗压强度值。结果处理方法同混凝土立方体抗压强度试验。
第4步	清洁、整理试验仪器。

表 8-5　混凝土受压弹性模量试验操作步骤表

操作步数	操作内容
第 1 步	把应变测量装置安装在棱柱体试件两侧的中线上，并对称于试件的两端；调整试件在压力机上的位置，使其轴心与下压板的中心对准。
第 2 步	以（0.2～0.3）MPa/s 的加载速度加载至 0.5 MPa 的初始荷载，恒载 60 s，在以后 30 s 内，记录试件两个侧面的中心线上的每测点的变形值 ε_0。然后连续均匀地以（0.5～0.8）MPa/s 的加载速度加载至轴心抗压强度的 1/3，恒载 60 s，并在以后的 30 s 内，记录试件两个侧面的中心线上的每一测点的变形值 ε_a。在正式加载前至少进行两次反复预压。从初始荷载至轴心破坏荷载应逐级加载，一般可以分为 6 个加载级。当以上变形值之差与其平均值之比大于 20% 时，应使试件对中，再重新重复以上加载过程，直到满足以上变形值之差与其平均值之比小于 20% 要求为止。否则，调整试验，直至重做。
第 3 步	等加压荷载超过混凝土轴心抗压强度的 1/3 后，读取变形数据，卸载变形值测量装置，以（0.5～0.8）MPa/s 的加载速度加载至试件破坏。如果试件的抗压强度与轴心抗压强度之差超过轴心抗压强度的 20%，在试验报告中注明。
第 4 步	计算及试验结果处理： 混凝土受压弹性模量按式（8-11）计算： $$E_c = \frac{F_a - F_0}{A} \times \frac{L}{\Delta n} \qquad \text{（公式 8-11）}$$ 式中：E_c 为混凝土弹性模量，MPa，精确至 100 MPa；F_a 为应力为 1/3 轴心抗压强度时的荷载值，N；F_0 为应力为 0.5 MPa 时的初始荷载值，N；A 为试件承压面积，mm²；L 为变形标距，mm；Δn 为最后一次从加荷至破坏时试件两侧变形值的平均值，mm；ε_a 为应力为 1/3 轴心抗压强度时试件两侧变形的平均值，mm；ε_0 为应力为 0.5 MPa 时试件两侧变形的平均值，mm。
第 5 步	混凝土受压弹性模量以 3 个试件测值的算术平均值进行计算。如果其中单个测值与平均值之差超过平均值的 ±15%，那么取余下两个测值的平均值作为试验结果。如有两个试件测值与平均值之差超过平均值的 ±15%，则此次试验无效。
第 6 步	清洁、整理试验仪器。

8.3.5　混凝土抗渗性试验

混凝土的抗渗性是指混凝土抵抗压力水渗透的能力。通过抗渗试验，以确定混凝土抗渗等级是否满足设计要求。混凝土的相对抗渗性试验是测定混凝土在恒定水压下的渗水高度，计算相对渗透系数，比较不同混凝土的抗渗性。

主要仪器设备：混凝土渗透仪、试模（上口内径 175 mm，下口内径 185 mm，高 150 mm）、密封材料（可用石蜡加松香、水泥加黄油等）、螺旋加压器（或压力机）、钢丝刷、三角刀、钢垫条。

试验步骤如表 8-6 所示。

表 8-6　混凝土抗渗性试验操作步骤表

操作步数	操作内容
第 1 步	混凝土抗渗性试验： ①抗渗性试验以 6 个试件为一组进行试验。试件成型后 24 h 拆模，在试件拆模时，用钢丝刷刷去两端面的水泥浆膜，然后送入养护室养护。 ②到达试验龄期时，取出试件，擦拭干净并晾干表面。在试件侧面滚涂一层熔化的密封材料，再用螺旋加压器或压力机将试件压入预热过的试模内，使试件与试模底面平齐。待试模变冷后，方可解除压力。 ③用水泥加黄油密封时，水泥与黄油的质量比为（2.5～3）∶1，试件表面晾干后，即可用三角刀将其刮涂于试件侧面，厚 1～2 mm。然后套上试模压入，并使试件与试模底齐平。 ④排除渗透仪管路系统中的空气，并使水充满 6 个试位坑。将密封好的试件安装在试位坑上，如图 8-3 所示。 图 8-3　混凝土抗渗性试验示意图 ⑤试验开始时，施加 0.1 MPa 的水压力，以后每隔 8 h 增加 0.1 MPa 的水压，并随时观察试件端面是否出现渗水现象（即出现水珠或潮湿痕迹）。 ⑥当 6 个试件中有 3 个试件表面出现渗水或加至规定压力，且在 8 h 内 6 个试件中表面渗水的试件不超过 2 个时，即可停止试验，并记下此时的水压。 在试验过程中，如发现水从试件周边渗出，则应停止试验，重新密封。
第 2 步	清洁、整理试验仪器。

8.3.6　混凝土抗冻性试验

混凝土的抗冻性是以混凝土试件在规定试验条件下能够经受的冻融循环次数为指标，来反映其抵抗冰冻破坏能力的，抗冻性是混凝土耐久性的重要指标之一。通过抗冻性试验可检验混凝土抗冻性能，评定混凝土抗冻等级。

主要用到的仪器设备：冻融试验机［应满足的指标有：试件中心温度（－18±2）～（5±2)℃，冻融液温度－25～20 ℃，冻融循环一次历时 2～4 h（融化时间不少于整个冻融历时的 25％）］、测温设备（采用热电偶测量试件中心温度时，精度达 0.3 ℃，当采用其他测温仪器时，应以热电偶为标准进行率定）、动弹性模量测定仪（频率为 100～10 kHz）、试模（100 mm×100 mm×400 mm 的棱柱体）、试件盒（4～5 mm 厚的橡皮板制成，尺寸为 120 mm×120 mm×500 mm）、台秤（量程 0～10 kg，分度值 5 g）。

一次冻融循环的技术参数：

降温冷冻的终点温度（以试件中心温度为准）控制在（－17±2)℃；升温融解的终点温度（以试件中心温度为准）控制在（8±2)℃；一次冻融循环历时，2.5～4.0；降温［自（8±2）～（－17±2)℃］历时，1.5～2.5 h；升温［自（－17±2）～（8±2)℃］历时，1.0～1.5 h；试件中心和表面的温差小于 28 ℃。

试验步骤如表 8-7 所示。

表 8-7　混凝土抗冻性试验操作步骤表

操作步数	操作内容
第 1 步	①试件的成型养护与混凝土抗压强度试验相同。到达试验龄期前的 4 d，将试件放在（20±3)℃的水中浸泡（对于水中养护的试件，到达试验龄期即可直接用于试验）。如冻融介质为海水或其他含盐水，到了养护龄期，试件应风干两昼夜后再浸泡海水或相应的含盐水两昼夜。 ②将已浸过水的试件擦去表面水后，称取试件质量，并用动弹性模量测定仪测出试件的横向（或纵向）自振频率，作为评定抗冻性的起始值。同时做必要的外观描述。 ③将试件装入试件盒，加入冻融介质淡（海、盐）水，使其没过试件顶约 20 mm。将装有试件的试件盒放入冻触试验机中。 ④启动冻融试验机，按规定的冻融循环技术参数设置，进行冻融循环试验。

续表1

操作步数	操作内容
	⑤通常每完成25次冻融循环对试件测试一次，也可根据试件抗冻性的高低确定测试的间隔次数。测试时，小心将试件取出，冲洗干净，擦去表面水，进行称量及横向（或纵向）自振频率的测定，并做必要的外观描述或照相。测试完毕，将试件调头重新装入试件盒，注入冻融介质，继续试验。在测试过程中，应将试件用湿布覆盖，防止试件失水。 ⑥为保证试验条件的一致，当试验机内部分试件被取出，出现空位时，应另用试件填补（如无正式试件，可用废试件代替）。试验因故中断，应将试件在受冻状态下保存在试验机内。 ⑦达到下述情况之一时，试验即可停止。 a. 冻融至预定的循环次数。 b. 相对动弹性模量下降至60%。 c. 质量损失率达5%。
第2步	试验结果处理： 相对动弹性模量按式（8-12）计算 $$P_n = \frac{f_n^2}{f_0^2} \times 100\% \qquad 公式（8-12）$$ 式中：P_n 为 n 次冻融循环后相对动弹性模量，%；f_n 为试件 n 次冻融循环后的自振频率，Hz；f_0 为试件冻融循环前的自振频率，Hz。 以3个试件试验结果的算术平均值作为测定值。当最大值或最小值之一，与中间值之差超过中间值的20%时，剔除该值，取其余两值的平均值作为测定值；当最大值和最小值与中间值之差都超过中间值的20%时，则取中间值作为测定值。 质量损失率按式（8-13）计算 $$W_n = \frac{m_0 - m_n}{m_0} \times 100\% \qquad 公式（8-13）$$ 式中：W_n 为 n 次冻融循环后试件质量损失率，%；m_0 为冻融前的试件质量，g；m_n 为 n 次冻融循环后试件的质量，g。 以3个试件试验结果的算术平均值作为测定值。当3个试验结果中出现负值时，改负值为0，仍取平均值作为测定值。当3个试验结果中最大值或最小值之一与中间值之差超过中间值的1%时，剔除该值，取其余两值的平均值作为测定值；当最大值和最小值与中间值之差都超过1%时，则取中间值作为测定值。
第3步	试验结果评定： 当相对动弹性模量下降至60%或质量损失率达5%时，即可认为混凝土试件已达破坏，并以相应的冻融循环次数作为该混凝土的抗冻等级（以F表示）。 若冻融至预定的循环次数，而相对动弹性模量或质量损失率均未达到上述指标，可认为该混凝土的抗冻性已经满足设计要求。

操作步数	操作内容
第 4 步	清洁、整理试验仪器。

8.4 混凝土配合比及技术性质试验多学科联想拓展

混凝土成分比较复杂，而且配制混凝土材料的质量、配制的理论计算、施工工艺等对混凝土的质量都有较大影响，新拌混凝土的养护对后期质量影响也较大。针对如何配制高质量、高性能、低成本的优质混凝土，专家学者都进行了相关研究。

朱效荣提出了数字量化法的思想，对水泥强度与混凝土强度之间的数字量化、对水泥在标准胶砂中体积比的计算公式、对水泥水化形成的标准稠度硬化浆体强度计算公式、对标准稠度硬化水泥浆表观密度计算公式、对提供 1 MPa 强度所需水泥用量计算公式进行了研究，提出了具体计算方法。同时，朱效荣对于掺合料技术指标的数字量化也进行了阐述，他对粉煤灰、矿渣粉、硅灰、沸石粉等掺合料的水化作用机理、填充性以及多种掺合料作用等进行了研究，给出了胶体材料增强原因的微观解释。朱效荣还提出了多组分混凝土理论，他采用胶凝材料水化强度最高时对应的水胶比作为混凝土的有效水胶比，将砂石用水与胶凝材料用水区分开来。与现有设计方法最大的区别是，不再改变胶凝材料的有效水胶比，以便达到充分利用胶凝材料的活性，实现胶凝材料的作用充分发挥。使用胶凝材料前，先检测复合胶凝材料的标准稠度用水量，再以此作为确定胶凝材料的合理水胶比的依据。经过对混凝土的体积组成进行分析，吸收水灰比公式、Powers 胶空比理论、晶体强度计算理论和 Griffith 脆性材料断裂理论的成功部分，结合生产试验、数据分析和工程实践建立了多组分混凝土强度理论数学模型及计算公式。

朱效荣将多组分混凝土强度理论数学模型及计算公式的每一个指标代入原材料参数进行计算，这样就建立了多组分混凝土强度理论数学模型。其中，σ 是混凝土对应的标准稠度胶凝材料浆体的强度，它主要考虑了胶凝材料的水化反应形成的强度；胶凝材料填充强度贡献率 u，主要考虑了胶凝材料的微集料填充效应，在配制 C60 及以上强度等级的混凝土时使用，可以根据掺合料的种类、数量的不同计算它们对混凝土强度的影响；m 是单方混凝土中硬化密实浆体的体积值，它主要考虑胶凝材料水化和调整混凝土拌和物的工作性能以及外加剂的使用引起的密实浆体在混凝土中体积变化对混凝土强度的影响。$f = \sigma \cdot m \cdot u$ 这一公式是当今多组分混凝土强度计算和配合比设计的通用公式。

对于如何配制高性能混凝土、高强混凝土，许多专家都提出了自己的研究方法和试验数据。清华大学的冯乃谦教授提出的设计方法，与普通混凝土配合比设计方法基本相同，具有计算步骤简单、计算结果比较精确、容易使人掌握等优点。冯教授的主要思想是：

①选用质量优良的混凝土材料，对配制材料有严格的参数要求（如水泥的强度、细骨料的细度模数、粗骨料的种类、粗骨料的最大粒径、外加剂的种类效果等参数）。

②优先考虑混凝土的耐久性要求，然后再根据施工工艺对拌和物的工作性（和易性）和强度要求进行设计，并通过试配、调整，确认满足使用需求和力学性能后再用于正式施工。

③提高混凝土的耐久性，改善混凝土的施工性能和抗裂性能，在混凝土中适量掺加优质的粉煤灰、矿渣粉或硅灰等矿物外加剂，其掺量根据混凝土的性能并通过试验确定。

④化学外加剂的掺量以应使混凝土达到规定的水胶比和工作度为标准，且选用的最高掺量不应对混凝土性能（如凝结时间、后期强度等）产生不利的影响。

对于配制超高强度混凝土，有许多专家进行了研究，其中，吴中伟院士于1958 年提出的水泥基复合材料的中心质假说，把水泥基复合材料的不同层次联系了起来，每一层次包容了下一层次。各级中心质和介质都存在相互的效应，称为"中心质效应"。对超高强度混凝土主要研究的是大中心质效应。唐明述院士提出，水泥混凝土若具有良好的堆积性，不需要全部水化就可获得高强度，关键在于颗粒的堆积状态以及颗粒间的界面结合情况。另外，许多研究者通过对矿物掺合料的优选或处理，利用其减水作用（降低水胶比 W/C）和填充效应，使胶凝材料粒子形成更高程度的紧密堆积，以提高混凝土的强度，尤其是早期强度。一些研究者还利用紧密堆积理论来制备掺有矿物掺合料的超高强水泥基材料。唐明提出了具有分形几何特征的水泥基粉体颗粒群密集效应模型，并在此基础上评价了高性能混凝土粉体颗粒群的分形密集效应，找出了确定最紧密堆积的规律。

对于混凝土的损坏和破坏机理方面，同济大学李杰教授等对混凝土的损伤进行了研究，在其著作《混凝土随机损伤力学》中，对混凝土损伤本构关系、混凝土随机损伤本构关系、混凝土动力损伤本构关系、混凝土本构关系的数值方法、混凝土结构随机性非线性进行了广泛的研究，提出了细观损伤的试验建模概念，并具体举例对混凝土框架结构、混凝土实体结构进行了较详细的分析，阐述了混凝土结构随机非线性反应分析理论。

混凝土专家杨文科通过亲身管理和工作经验总结，分析了混凝土生产和使用中的大量工程实际，对混凝土的配合比、粗骨料材质、核心原料水泥选择、引气剂问题、掺加纤维的作用、混凝土的裂缝、外加剂的作用、高性能混凝土等问题进行了深入研究，提出独有的观点。同时，杨文科也在他的著作《现代混凝土科学的问题与研究》中引入了不同学者的观点，从正、反两个方面对相关问题进行了探讨，对混凝土科学研究具有较大价值。

本书对利用低温粗骨料配制混凝土也做了试验研究，从线性膨胀系数分析、用水量、28 d 抗压强度等角度，利用万用电桥对混凝土的类电气性质做了试验研究摸索，试图揭示混凝土早期内部水化与后期强度的内在关系。对比试验研究了 C40 早期混凝土电气参数测量试验。在混凝土成型时在其内部预埋平行的钢板，引出电极，随时记录和观测其类电气参数的变化。各种配制原材料不变，对比组用－20 ℃ 低温粗骨料，其他性质对比方法相同。电极为不锈钢薄片，40 mm×40 mm×160 mm 尺寸，间距 100 mm。严格意义上讲，不能用金属测量法定义混凝土的电阻、电感、电容，为了研究方便，以类电阻、类电感、类电容表示。现列出部分记录数据如表 8-8 所示，数据变化图如图 8-4～图 8-21 所示。

表 8-8　低-常温混凝土电气测量数据记录表

时间	CW1（测类电阻、类电感、类电容）	CW2（测类电阻、类电感、类电容）	CW3（测类电阻、类电感、类电容）	DW1（测类电阻、类电感、类电容）	DW2（测类电阻、类电感、类电容）	DW3（测类电阻、类电感、类电容）
第1天 11：30	39.60 Ω	42.35 Ω	41.48 Ω	39.30 Ω	54.50 Ω	38.90 Ω
	0.030 mH	0.026 mH	0.026 mH	0.034 mH	0.054 mH	0.030 mH
	495.2 μF	523.8 μF	533.8 μF	360.2 μF	293.6 μF	440.3 μF

续表1

时间	CW1（测类电阻、类电感、类电容）	CW2（测类电阻、类电感、类电容）	CW3（测类电阻、类电感、类电容）	DW1（测类电阻、类电感、类电容）	DW2（测类电阻、类电感、类电容）	DW3（测类电阻、类电感、类电容）
12：00	39.11 Ω	41.68 Ω	40.72 Ω	39.44 Ω	55.96 Ω	46.80 Ω
	0.032 mH	0.027 mH	0.026 mH	0.034 mH	0.053 mH	0.031 mH
	484.2 μF	516.4 μF	528.3 μF	362.4 μF	299.9 μF	447.2 μF
12：30	38.70 Ω	41.09 Ω	40.24 Ω	39.64 Ω	48.01 Ω	45.54 Ω
	0.032 mH	0.028 mH	0.027 mH	0.035 mH	0.052 mH	0.032 mH
	482.2 μF	515.8 μF	521.7 μF	361.1 μF	327.0 μF	450.4 μF
13：00	38.00 Ω	40.15 Ω	39.40 Ω	39.51 Ω	46.37 Ω	44.42 Ω
	0.033 mH	0.030 mH	0.028 mH	0.035 mH	0.051 mH	0.031 mH
	476.3 μF	496.7 μF	518.6 μF	366.8 μF	333.3 μF	456.6 μF
13：30	38.59 Ω	40.34 Ω	39.49 Ω	39.66 Ω	45.28 Ω	43.52 Ω
	0.034 mH	0.028 mH	0.028 mH	0.035 mH	0.050 mH	0.032 mH
	467.5 μF	515.2 μF	516.5 μF	372.5 μF	358.4 μF	462.4 μF
14：00	39.76 Ω	41.59 Ω	40.67 Ω	40.67 Ω	43.89 Ω	42.29 Ω
	0.035 mH	0.029 mH	0.029 mH	0.035 mH	0.050 mH	0.032 mH
	450.5 μF	499.1 μF	501.8 μF	382.9 μF	346.7 μF	468.4 μF
14：30	40.85 Ω	42.70 Ω	41.74 Ω	40.83 Ω	42.80 Ω	441.24 Ω
	0.036 mH	0.030 mH	0.030 mH	0.036 mH	0.050 mH	0.032 mH
	442.5 μF	480.2 μF	491.8 μF	389.7 μF	350.2 μF	471.8 μF
15：00	42.16 Ω	44.03 Ω	42.99 Ω	40.66 Ω	43.46 Ω	41.83 Ω
	0.037 mH	0.030 mH	0.030 mH	0.036 mH	0.050 mH	0.032 mH
	429.3 μF	475.5 μF	478.9 μF	384.3 μF	347.7 μF	466.0 μF
15：30	43.63 Ω	45.49 Ω	44.41 Ω	40.88 Ω	44.20 Ω	42.57 Ω
	0.038 mH	0.031 mH	0.031 mH	0.036 mH	0.051 mH	0.033 mH
	416.8 μF	460.1 μF	461.2 μF	376.4 μF	340.3 μF	460.0 μF
16：30	45.73 Ω	47.67 Ω	46.51 Ω	42.84 Ω	45.45 Ω	43.75 Ω
	0.040 mH	0.031 mH	0.032 mH	0.037 mH	0.051 mH	0.033 mH
	393.5 μF	443.0 μF	441.5 μF	370.4 μF	333.5 μF	450.1 μF

时间	CW1（测类电阻、类电感、类电容）	CW2（测类电阻、类电感、类电容）	CW3（测类电阻、类电感、类电容）	DW1（测类电阻、类电感、类电容）	DW2（测类电阻、类电感、类电容）	DW3（测类电阻、类电感、类电容）
16：30	48.00 Ω	49.98 Ω	48.72 Ω	44.56 Ω	46.93 Ω	45.23 Ω
	0.041 mH	0.033 mH	0.034 mH	0.044 mH	0.052 mH	0.035 mH
	377.1 μF	421.5 μF	424.4 μF	361.9 μF	326.9 μF	428.0 μF
17：00	49.59 Ω	51.63 Ω	50.29 Ω	47.79 Ω	48.16 Ω	46.44 Ω
	0.042 mH	0.034 mH	0.034 mH	0.037 mH	0.053 mH	0.035 mH
	366.6 μF	409.1 μF	412.1 μF	355.0 μF	322.1 μF	421.1 μF
17：30	51.61 Ω	53.75 Ω	52.29 Ω	50.42 Ω	49.69 Ω	47.91 Ω
	0.044 mH	0.036 mH	0.036 mH	0.046 mH	0.054 mH	0.035 mH
	354.0 μF	382.9 μF	395.0 μF	348.7 μF	315.3 μF	412.9 μF
18：00	54.05 Ω	56.30 Ω	54.77 Ω	52.37 Ω	51.53 Ω	49.71 Ω
	0.045 mH	0.038 mH	0.038 mH	0.038 mH	0.055 mH	0.037 mH
	332.5 μF	363.5 μF	366.4 μF	340.2 μF	307.6 μF	399.5 μF
18：30	56.84 Ω	59.26 Ω	57.69 Ω	54.60 Ω	53.07 Ω	51.83 Ω
	0.048 mH	0.040 mH	0.040 mH	0.039 mH	0.056 mH	0.037 mH
	317.0 μF	343.4 μF	348.9 μF	324.3 μF	292.2 μF	387.6 μF
19：00	59.47 Ω	61.95 Ω	60.25 Ω	56.52 Ω	55.39 Ω	53.52 Ω
	0.050 mH	0.042 mH	0.042 mH	0.048 mH	0.057 mH	0.038 mH
	302.0 μF	327.6 μF	332.0 μF	301.6 μF	285.7 μF	367.0 μF
19：30	63.88 Ω	66.66 Ω	64.84 Ω	59.96 Ω	58.58 Ω	56.65 Ω
	0.054 mH	0.046 mH	0.046 mH	0.050 mH	0.059 mH	0.041 mH
	280.9 μF	304.5 μF	306.8 μF	301.2 μF	273.2 μF	344.3 μF
20：00	68.23 Ω	71.70 Ω	69.26 Ω	63.30 Ω	61.67 Ω	59.61 Ω
	0.058 mH	0.051 mH	0.051 mH	0.052 mH	0.062 mH	0.043 mH
	264.2 μF	282.5 μF	284.7 μF	288.1 μF	261.8 μF	327.4 μF
20：30	72.07 Ω	75.26 Ω	73.25 Ω	66.49 Ω	64.45 Ω	62.43 Ω
	0.062 mH	0.055 mH	0.054 mH	0.054 mH	0.064 mH	0.046 mH
	248.7 μF	263.2 μF	268.5 μF	278.2 μF	250.9 μF	311.0 μF

续表 3

时间	CW1（测类电阻、类电感、类电容）	CW2（测类电阻、类电感、类电容）	CW3（测类电阻、类电感、类电容）	DW1（测类电阻、类电感、类电容）	DW2（测类电阻、类电感、类电容）	DW3（测类电阻、类电感、类电容）
21：00	77.12 Ω	80.71 Ω	78.70 Ω	70.84 Ω	68.47 Ω	66.47 Ω
	0.068 mH	0.061 mH	0.060 mH	0.058 mH	0.068 mH	0.050 mH
	228.6 μF	240.7 μF	245.2 μF	261.7 μF	239.7 μF	292.9 μF
21：30	84.38 Ω	88.44 Ω	86.13 Ω	76.91 Ω	74.12 Ω	72.04 Ω
	0.078 mH	0.071 mH	0.070 mH	0.064 mH	0.074 mH	0.055 mH
	204.7 μF	205.5 μF	216.1 μF	238.7 μF	220.9 μF	267.7 μF
22：00	87.99 Ω	92.32 Ω	89.92 Ω	80.10 Ω	77.11 Ω	75.01 Ω
	0.083 mH	0.076 mH	0.076 mH	0.067 mH	0.077 mH	0.059 mH
	192.7 μF	193.1 μF	196.5 μF	227.9 μF	211.5 μF	254.3 μF
22：30	92.80 Ω	97.55 Ω	95.16 Ω	84.59 Ω	81.38 Ω	79.28 Ω
	0.09 mH	0.084 mH	0.083 mH	0.072 mH	0.083 mH	0.063 mH
	174.0 μF	178.5 μF	181.7 μF	214.6 μF	199.9 μF	237.3 μF
23：00	100.20 Ω	105.69 Ω	103.01 Ω	91.47 Ω	87.84 Ω	85.71 Ω
	0.102 mH	0.097 mH	0.096 mH	0.08 mH	0.091 mH	0.071 mH
	156.5 μF	158.7 μF	161.4 μF	188.7 μF	182.4 μF	214.7 μF
23：30	108.10 Ω	113.40 Ω	110.51 Ω	98.18 Ω	94.20 Ω	92.09 Ω
	0.114 mH	0.110 mH	0.109 mH	0.088 mH	0.100 mH	0.080 mH
	107.2 μF	142.7 μF	145.4 μF	173.0 μF	162.3 μF	187.8 μF
24：00	111.51 Ω	118.07 Ω	115.00 Ω	102.35 Ω	98.12 Ω	96.00 Ω
	0.123 mH	0.119 mH	0.117 mH	0.094 mH	0.106 mH	0.086 mH
	118.4 μF	134.1 μF	136.7 μF	163.6 μF	154.3 μF	177.1 μF
24：30	118.49 Ω	125.83 Ω	122.55 Ω	109.48 Ω	104.87 Ω	102.75 Ω
	0.138 mH	0.135 mH	0.134 mH	0.105 mH	0.117 mH	0.096 mH
	121.7 μF	121.2 μF	122.2 μF	149.0 μF	141.4 μF	160.9 μF
第二天 1：00	124.89 Ω	132.79 Ω	129.25 Ω	116.14 Ω	111.25 Ω	109.16 Ω
	0.152 mH	0.149 mH	0.149 mH	0.116 mH	0.128 mH	0.107 mH
	112.3 μF	101.8 μF	112.2 μF	137.1 μF	130.8 μF	147.0 μF

注：CW1 表示常温粗骨料，DW1 表示低温粗骨料，其他编号依次类推。

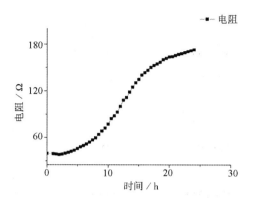

图 8-4　CW1 配制的 C40 混凝土早期 24 h 类电阻变化图

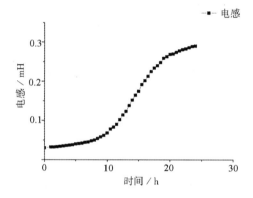

图 8-5　CW1 配制的 C40 混凝土早期 24 h 类电感变化图

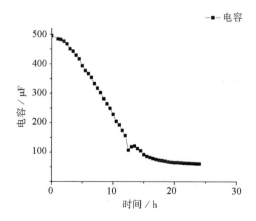

图 8-6　CW1 配制的 C40 混凝土早期 24 h 类电容变化图

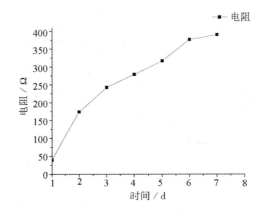

图 8-7　CW1 配制的 C40 混凝土早期 7 d 类电阻变化图

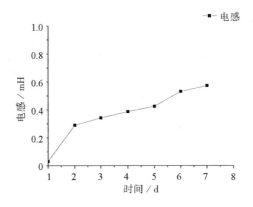

图 8-8　CW1 配制的 C40 混凝土早期 7 d 类电感变化图

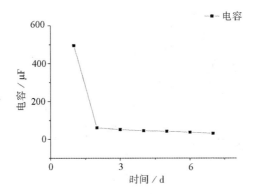

图 8-9　CW1 配制的 C40 混凝土早期 7 d 类电容变化图

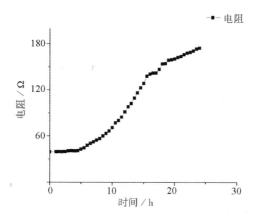

图 8-10　DW1 配制的 C40 混凝土早期类电阻 24 h 变化图

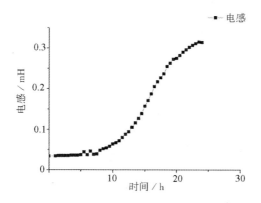

图 8-11　DW1 配制的 C40 混凝土早期类电感 24 h 变化图

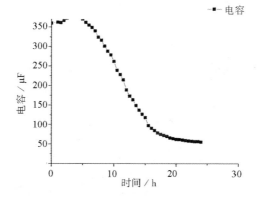

图 8-12　DW1 配制的 C40 混凝土早期类电容 24 h 变化图

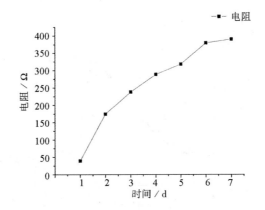

图 8-13　DW1 配制的 C40 混凝土早期 7 d 类电阻变化图

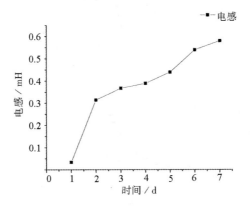

图 8-14　DW1 配制的 C40 混凝土早期 7 d 类电感变化图

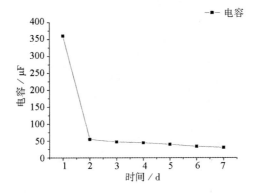

图 8-15　DW1 配制的 C40 混凝土早期 7 d 类电容变化图

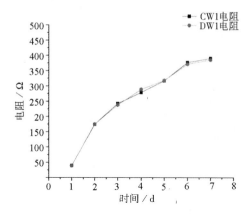

图 8-16　CW1 和 DW1 配制 C40 混凝土早期 7 d 类电阻变对比

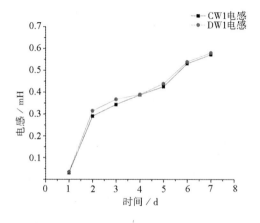

图 8-17　CW1 和 DW1 配制 C40 混凝土早期 7 d 类电感变对比

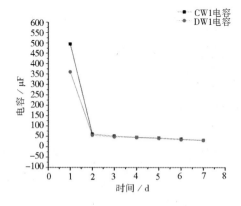

图 8-18　CW1 和 DW1 配制的 C40 混凝土早期 7 d 类电感变对比

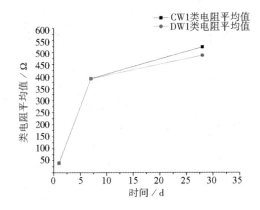

图 8-19 CW1 和 DW1 配制的 C40 混凝土类电阻平均值对比

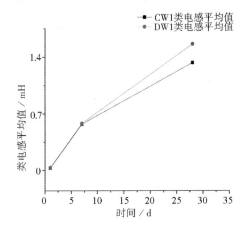

图 8-20 CW1 和 DW1 配制 C40 混凝土类电感平均值对比

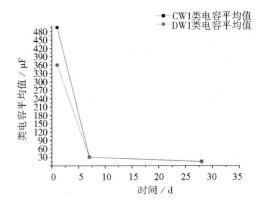

图 8-21 CW1 和 DW1 配制的 C40 混凝土类电容平均值对比

混凝土可以作为承重材料，通过变化内部配制材料及生产工艺，还可以制造出泡沫保温混凝土、生态混凝土、防辐射混凝土、抗渗混凝土、耐热混凝土、种植混凝土、再生混凝土、透水混凝土、沥青混凝土、智能混凝土等。

随着研究仪器和研究理论的不断改进，特别是微观的分析及测量技术手段的提高，数学建模理论的优化，新型外加剂的使用，必然会配制出功能多样的混凝土。

第9章　建筑砂浆试验

为了评定新拌砂浆的质量，必须试验其和易性，砂浆和易性包括砂浆的稠度和分层度等。为评定硬化砂浆的质量，须测定其抗压强度，如为水工砂浆，仍须进行抗渗性、抗冻性等试验〔引自《建筑砂浆基本性能试验方法标准》（JGJ/T 70—2009）〕。

9.1　相关知识点及概念

9.1.1　建筑砂浆的定义

建筑砂浆是指由胶凝材料、细集料、水和外加剂按适量比例配合、拌制并经硬化而成的材料。砂浆在土木工程结构工程中不直接承受荷载，而是传递荷载，它可以将块体、散粒的材料黏结为整体，也可以薄层抹在材料表面上，在装饰工程中找平抹面，也可以做黏结和嵌缝材料。按用途可分为砌筑砂浆、抹面砂浆和特种砂浆。

9.1.2　建筑砂浆的技术性质

建筑砂浆的技术性质包括新拌砂浆的和易性，硬化后砂浆的强度及强度等级、黏结力、变形性、凝结时间、和易性。

9.1.3　建筑砂浆的强度

砂浆在砌体中，主要是传递荷载，砂浆的抗压强度等级是以 70.7 mm×70.7 mm×70.7 mm 的立方体标准试件，在标准条件〔温度为（20±3）℃，水泥砂浆相对湿度为 90%，混合砂浆的相对湿度为 60%～80%〕下养护 28 d，用标准试验方法测得的抗压强度确定的。砌筑砂浆按抗压强度可分为 M20、M15、M10、M7、M5、M2.5 等 6 个等级。

9.1.4　影响砂浆强度的因素

影响砂浆强度的因素比较多，主要有组成材料、配合比、施工工艺等，砂浆强度还与基面的吸水率有关，基面按吸水率不同分为不吸水基面、吸水基面。

不吸水基面材料（如实心石材）：

$$f_{m,0} = A f_{ce} (C/W - B)　　　　　　公式（9-1）$$

式中：$f_{m,0}$——砂浆的试配强度，MPa；

f_{ce}——水泥 28d 时的实测强度值，MPa，$f_{ce} = \gamma_c \cdot f_{ce,k}$；

$f_{ce,k}$——水泥的强度等级值，MPa；

γ_c——水泥强度等级的富余系数，按统计资料确定，$\gamma_c = 1$；

A、B——经验系数，$A = 0.29$，$B = 0.4$，也可以根据试验资料统计确定；

C/W——灰水比。

吸水基面材料（如砌筑砖、多孔混凝土、多孔材料）：

$$f_{m,0} = (\alpha \cdot f_{ce} \cdot m_c)/1000 + \beta　　　　　公式（9-2）$$

式中：$f_{m,0}$——砂浆的试配强度，MPa；

m_c——每立方米砂浆的水泥用量，kg；

f_{ce}——水泥 28 d 时的实测强度值，MPa，$f_{ce} = \gamma_c \cdot f_{ce,k}$；

γ_c——水泥强度等级的富余系数，按统计资料确定，$\gamma_c = 1$；

$f_{ce,k}$——水泥的强度等级值，MPa；

α、β——经验系数，按 $\alpha = 3.03$，$\beta = -15.09$。

9.1.5　砌筑砂浆配合比设计

砌筑砂浆配合比用每立方米砂浆中各种材料的用量来表示。

试配强度：

$$f_{m,0} = f_{m,k} + 0.645\sigma　　　　　　公式（9-3）$$

式中：$f_{m,0}$——砂浆的试配强度，MPa；

$f_{m,k}$——砂浆的强度等级，MPa；

σ ——砂浆现场强度标准差，MPa，与施工水平有关。

计算 1 m³ 砂浆中水泥的用量：

$$Q_c = 1000(f_{m,0} - \beta)/(\alpha \cdot f_{ce}) \qquad 公式(9\text{-}4)$$

式中：Q_c——每立方米砂浆的水泥用量，kg，精确到 1 kg；

$f_{m,0}$——砂浆的试配强度，MPa；

f_{ce}——水泥 28 d 时的实测强度值，MPa，$f_{ce} = \gamma_c f_{ce,k}$；

α、β——经验系数，按 $\alpha = 3.03$，$\beta = -15.09$；

$f_{ce,k}$——水泥的强度等级值，MPa；

γ_c——水泥强度等级的富余系数，按统计资料确定。

当计算的用量不足 200 kg/m³，应取 200 kg/m³。

计算 1 m³ 砂浆中掺合料的用量：

$$Q_d = Q_a - Q_c \qquad 公式（9\text{-}5）$$

式中：Q_d——1 m³ 砂浆中掺合料用量，精确到 1 kg；

Q_a——经验数据，1 m³ 砂浆中水泥和掺合料用量，精确到 1 kg；一般为 300～350 kg/m³；

Q_c——1 m³ 砂浆的水泥用量，kg，精确到 1 kg。

计算 1 m³ 砂浆中的用砂量：

$$Q_S = \rho_{og}(1 + W_a) \qquad 公式（9\text{-}6）$$

式中：Q_S——1 m³ 砂浆中砂子的用量，kg，精确到 1 kg；

ρ_{og}——砂子干燥状态时的堆积密度，kg/m³，精确到 1 kg/m³；

W_a——砂子的含水率，%。

计算 1 m³ 砂浆用水量（如表 9-1 所示）：

表 9-1　砂浆用水量选用表

砂浆类别	用水量/kg
混合砂浆	250～300
水泥砂浆	280～333

9.2　试验内容及要测定的试验参数

建筑砂浆试验有砂浆稠度试验、分层度试验、保水性试验、抗压强度试验。

9.3　砂浆的实验室拌制

拌制砂浆的一般规定：

①拌制砂浆所用的原材料应符合质量标准，并要求提前 24 h 运入实验室内，拌和时实验室温度应保持在（20±5）℃。

②砂应以 4.75 mm 筛过筛。

③拌制砂浆时，材料用量以质量计。称量精度：水泥、外加剂、掺合料等为±0.5%；砂为±1%。

④在实验室搅拌砂浆时应采用机械搅拌，搅拌的量宜为搅拌机容量的 30%～70%，搅拌时间不应少于 120 s。掺有掺合料和外加剂的砂浆，其搅拌时间不应少于 180 s。拌制前应将搅拌机、拌和铁板、拌铲、抹刀等工具表面用水润湿，拌和铁板上不得存积水。

主要仪器设备：砂浆搅拌机、拌和铁板、磅秤、台秤、拌铲、抹刀、量筒、盛器等。

9.4　试验步骤

9.4.1　砂浆稠度试验

砂浆稠度对施工的难易程度有重要影响。砂浆稠度是以标准圆锥体在规定时间内沉入砂浆拌和物的深度来表示，以毫米计。

主要用到的仪器设备：砂浆稠度测定仪〔主要由试锥、容器和支座等组成，如图 9-1 所示。试锥高度为 145 mm，锥底直径为 75 mm，试锥连同滑杆的质量为（300±2）g；盛浆容器高为 180 mm、上口内径为 150 mm；支座分底座、支架及稠度刻度盘几个部分〕、捣棒（直径 10 mm，长 350 mm，一端呈半球形钢棒）、秒表等。

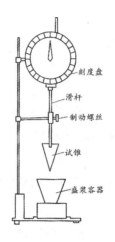

图 9-1　砂浆稠度测定仪

试验步骤如表 9-2 所示。

表 9-2　砂浆稠度试验操作步骤表

操作步数	操作内容
第 1 步	将盛浆容器和试锥表面用湿布擦干净，用少量润滑油轻擦滑杆，再将滑杆上多余的油用吸油纸擦净，使滑杆能自由滑动。
第 2 步	将砂浆拌和物一次性装入容器，使砂浆表面低于容器口约 10 mm，用捣棒自容器中心向边缘插捣 25 次，然后轻轻地将容器摇动或敲击 5～6 下，使砂浆表面平整，随后将容器置于稠度测定仪的底座上。
第 3 步	放松试锥滑杆的制动螺丝，使试锥尖端与砂浆表面刚接触时拧紧制动螺丝，使齿条测杆下端刚接触滑杆上端，并将指针对准零点。
第 4 步	拧松制动螺丝，同时计时，10 s 时立即拧紧螺丝，将齿条测杆下端接触滑杆上端，从刻度盘上读出下沉深度值（精确至 1 mm），即为砂浆的稠度值。
第 5 步	锥形容器内的砂浆，只允许测定一次稠度，重复测定时应重新取样测定。取两次试验结果的算术平均值作为砂浆稠度的测定结果（精确至 1 mm）。若两次试验值之差大于 10 mm，应重新取样测定。
第 6 步	清洁、整理试验仪器。

9.4.2　砂浆分层度试验

分层度试验用于测定砂浆拌和物在运输、停放、使用过程中经离析、泌水后内部组分的稳定性。

主要用到的仪器设备：分层度测定仪（如图 9-2 所示，由金属制成，内径为 150 mm，上节无底高度为 200 mm，下节有底净高为 100 mm）、振动台。[振幅（0.5±0.05）mm，频率（50±3）Hz]、砂浆稠度测定仪、木锤、抹刀、拌和锅等。

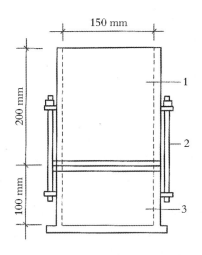

图 9-2　砂浆分层度测定仪

1—无底圆筒；2—连接螺栓；3—有底圆筒

试验步骤如表 9-3 所示。

表 9-3　砂浆分层度试验操作步骤表

操作步数	操作内容
第 1 步	对砂浆拌和物按砂浆稠度试验方法测定稠度。
第 2 步	将砂浆拌和物一次性装入分层度筒内，待装满后用木锤在分层度筒四周距离大致相等的 4 个不同地方轻击 1～2 下，如砂浆沉落到分层度筒口以下，应随时添加砂浆，然后刮去多余的砂浆，并用抹刀抹平。

续表

操作步数	操作内容
第 3 步	静置 30 min 后，去掉上节 200 mm 砂浆，剩余的 100 mm 砂浆倒出放在拌和锅内拌 2 min，再按砂浆稠度试验方法测定稠度。前后测得的稠度之差即为该砂浆的分层度值。
第 4 步	也可采用快速法测定砂浆分层度。此时，将分层度筒预先固定在水泥振动台上，按上述第 2 步将砂浆拌和物一次性装入分层度筒内，振动 20 s，以取代标准方法的静置 30 min。然后按第 3 步测定分层度值。如有争议，以标准方法为准。
第 5 步	取两次试验结果的算术平均值为砂浆分层度值。两次试验结果之差大于 10 mm 时，应重新取样测定。
第 6 步	清洁、整理试验仪器。

9.4.3　砂浆保水性试验

本方法适用于测定砂浆保水性，以判定砂浆拌和物在运输及停放时内部组分的稳定性。

主要用到的仪器设备：金属或硬塑料圆环试模（内径 100 mm，内部高度 25 mm）、可密封的取样容器（清洁、干燥）、2 kg 的重物、金属滤网 [网格尺寸为 45 μm，圆形，直径为（110±1）mm]、超白滤纸 [中速定性滤纸（直径 110 mm，密度 200 g/m^2）]、2 片金属或玻璃的方形或圆形不透水片（边长或直径大于 110 mm）、天平（量程 0～200 g，分度值 0.1 g；量程 0～2000 g，分度值 1 g）、烘箱、抹刀。

试验步骤如表 9-4 所示。

表 9-4　砂浆保水性试验操作步骤表

操作步数	操作内容
第 1 步	称量不透水片与干燥试模总质量 m_1，15 片中速定性滤纸质量 m_2。
第 2 步	将砂浆拌和物一次性填入试模，并用抹刀插捣数次，当填充砂浆略高于试模边缘时，用抹刀以 45°角一次性将试模表面多余的砂浆刮去，然后再用抹刀以较平的角度在试模表面反方向将砂浆刮平。
第 3 步	抹掉试模边的砂浆，称量试模、不透水片与砂浆总质量 m_3。
第 4 步	将金属滤网覆盖在砂浆表面，在滤网表面放上 15 片滤纸，将不透水片盖在滤纸表面，以 2 kg 的重物把不透水片压住。

续表

操作步数	操作内容
第5步	静止 2 min 后移走重物及不透水片，取出滤纸（不包括滤网），迅速称量滤纸质量 m_4。
第6步	试验结果处理： 从砂浆的配合比及加水量计算砂浆的含水率，若无法计算，可按式（9-7）计算砂浆的含水率。 $$\alpha = \frac{m_6 - m_5}{m_6} \times 100\%$$ （公式 9-7） 式中：α 为砂浆含水率；m_5 为烘干后砂浆样本的质量，g；m_6 为砂浆样本的总质量，g。取两次试验结果的算术平均值作为结果。 砂浆保水性按式（9-8）计算 $$W = \left[1 - \frac{m_4 - m_2}{\alpha\,(m_3 - m_1)} \right] \times 100\%$$ 公式（9-8） 式中：W 为砂浆保水率，%；m_1 为不透水片与干燥试模质量，g；m_2 为 15 片滤纸吸水前的质量，g；m_3 为试模、不透水片与砂浆总质量，g；m_4 为 15 片滤纸吸水后的质量，g；α 为砂浆含水率，%。
第7步	取两次试验结果的算术平均值为砂浆保水率，精确至 0.1%（第二次试验应重新取样测定）。当两个测值之差超出平均值的 2% 时，此组试验无效。
第8步	清洁、整理试验仪器。

9.4.4 砂浆立方体抗压强度试验

本方法适用于测定砂浆立方体的抗压强度。

主要用到的仪器设备：试模（尺寸为 70.7 mm×70.7 mm×70.7 mm 的带底试模）、压力试验机、垫板（试验机上、下压板及试件之间可垫以钢垫板，垫板的尺寸应大于试件的承压面）、振动台、钢制捣棒（直径 10 mm，长350 mm，端部应磨圆）、油灰刀、刮刀等。

试件准备及养护：

①采用立方体试模，每组试件 3 个。

②用黄油等密封材料涂抹试模的外接缝，试模内涂刷薄层机油或脱模剂，将拌制好的砂浆一次性装满砂浆试模，成型方法根据稠度而定。当稠度大于50 mm 时，采用人工振捣成型；当稠度不大于 50 mm 时，采用振动台振实成型。

a. 人工插捣：用捣棒均匀地由边缘向中心按螺旋方式插捣 25 次，插捣过程中如砂浆沉落低于试模口，应随时添加砂浆，可用油灰刀插捣数次，并用手将试模一边抬高 5～10 mm 振动 5 次，使砂浆高出试模顶面 6～8 mm。

b. 机械振动：将砂浆一次性装满试模，放置到振动台上，振动时试模不得跳动，振动 5～10 s 或振动到表面出浆为止，不得过振。

③待表面水分稍干后，将高出试模部分的砂浆沿试模顶面刮去并抹平。

④试件制作后应在室温为（20±5）℃的环境下静置（24±2）h，当气温较低时，可适当延长时间，但不应超过 2 个昼夜，然后对试件进行编号、拆模。试件拆模后应立即放入温度为（20±2）℃、相对湿度 90%以上的标准养护室中养护。养护期间，试件彼此间隔不小于 10 mm。

试验步骤如表 9-5 所示。

表 9-5　砂浆立方体抗压强度试验操作步骤表

操作步数	操作内容
第1步	试件从养护地点取出后应及时进行试验。试验前将试件表面擦拭干净，测量尺寸，并检查其外观。根据测量数据计算试件的承压面积，如实测尺寸与公称尺寸之差不超过 1 mm，可按公称尺寸进行计算。
第2步	将试件安放在试验机的下压板（或下垫板）上，试件的承压面应与成型时的顶面垂直，试件中心应与试验机下压板（或下垫板）中心对准。开动试验机，当上压板与试件（或上垫板）接近时，调整球座，使接触面均衡受压。承压试验应连续且均匀地加荷，加荷速度应为 0.25～1.5 kN/s（砂浆强度不大于 2.5 MPa 时，宜取下限）。当试件接近破坏而开始迅速变形时，停止调整试验机油门，直至试件破坏，然后记录破坏荷载。
第3步	试验结果处理： 砂浆立方体抗压强度应按式（9-9）计算（精确至 0.1 MPa） $$f_{m,cu}=K\frac{N_a}{A} \qquad 公式（9-9）$$ 式中：$f_{m,cu}$ 为砂浆立方体抗压强度，MPa；N_a 为试件破坏荷载，N；A 为试件承压面积，mm^2；K 为换算系数，取 1.35。
第4步	以 3 个试件测值的算术平均值作为该组试件的砂浆立方体抗压强度值（精确至 0.1 MPa）。当 3 个测值的最大值或最小值中有一个与中间值的差值超过中间值的 15% 时，则把最大值及最小值一并舍去，取中间值作为该组试件的抗压强度值；如两个测值与中间值的差值均超过中间值的 15%，则该组试件的试验结果无效。

操作步数	操作内容
第5步	清洁、整理试验仪器。

9.5 建筑砂浆试验多学科联想拓展

随着建筑技术的进步和环保要求的提高，建筑砂浆实现了预拌，整体质量和环保性能都得到了提高，这也可以看成是混凝土预拌技术的延伸和拓展。建筑行业的某些技术具有很强的相关性，一旦技术成熟可以很快推广。这也得益于其他学科的技术进步，如电子学科的进步，实现建筑工程的电子实时控制、温湿度实时感知、精确计量，工程实际的需求是学科融合的内在动力。

第10章　建筑钢材试验

建筑钢材是建筑中最重要的建筑材料之一，其质量优劣关系到建筑的安全。主要试验分为拉伸试验和工艺性能试验冷弯试验。

10.1　相关知识点及概念

钢材的分类：钢材以铁为主要元素，含碳量在 $0.02\% \sim 2.06\%$，并含有其他元素，分为碳素钢和合金钢两大类。

抗拉性能：钢材受拉伸力时，应力-应变曲线反映出钢材的主要力学性能特征，可以据此计算出抗拉强度、下屈服强度、试样伸长率、断面收缩率等。

钢材的工艺性能：分为冷弯性能和焊接性能。冷弯性能是指钢材在常温下承受弯曲变形的能力。对弯曲角度为 α 的试件，采取标准规定的弯心直径，弯曲到规定的角度时（180°或90°），检查弯曲处有无裂纹、断裂及起层等现象，若没有这些现象就判定为冷弯合格。焊接性能是指两段钢材局部受热，受热部分相接触，接缝部分受热迅速呈熔融或半熔融状态，从而牢固连接起来的能力。焊接是钢材的主要连接形式。

10.2　试验内容及要测定的试验参数

钢材拉伸试验、钢材冷弯试验。

10.3 试验步骤

10.3.1 钢材拉伸试验

主要用到的仪器设备：万能试验机、游标卡尺、钢筋切割机、钢筋划线器等。

试样：每批钢筋中任取两根，于每根端部 50 mm 处各取一套试样（两根试件，一根做拉伸试验，一根做冷弯试验）。

试验步骤如表 10-1 所示。

表 10-1 钢材拉伸试验操作步骤表

操作步数	操作内容
第 1 步	根据钢筋直径确定试件的标距长度，标距等于 5 倍的直径，采取长比例试样。
第 2 步	用游标卡尺测量钢筋试件的直径 6 次，中间及两端各测两次，取平均值。
第 3 步	在万能试验机上装夹试样，在万能试验机软件上设置参数。
第 4 步	进行开机试验，计算机软件自动记录数据及生成图形。
第 5 步	试验结束，计算机软件自动计算下屈服极限、抗拉强度、最大力值。
第 6 步	计算断后伸长率。
第 7 步	清洁、整理试验仪器。

10.3.2 钢材冷弯试验

主要用到的仪器设备：万能试验机、游标卡尺、钢筋切割机、弯曲装置等。

试样：每批钢筋中任取两根，于每根端部 50 mm 处各取一套试样（两根试件，一根做拉伸试验，一根做冷弯试验）。

试验步骤如表 10-2 所示。

表 10-2　钢材冷弯试验操作步骤表

操作步数	操作内容
第 1 步	用游标卡尺测量钢筋试件的直径 6 次，取平均值。
第 2 步	根据钢筋直径确定试件的标距长度，标距 $L = 5a + 150$ mm，a 为试件原始直径。
第 3 步	在试验机上加装上弯头，根据钢筋实际确定 90°冷弯或 180°冷弯，调节试验机支座支辊距离，$L_1 = (d + 3a) \pm 0.5a$，L_1 为支辊距离，d 为弯曲压头或弯心直径，a 为试件直径。
第 4 步	进行开机试验，平稳加荷，到达要求角度停止冷弯。
第 5 步	取出试样，观察记录弯曲部分情况，注意过程中不得出现裂纹、裂缝、断裂情况。无肉眼可见任何缺陷判定合格，其他判定微裂纹、裂纹、裂缝、断裂。
第 6 步	清洁、整理试验仪器。

10.4　建筑钢材试验多学科联想拓展

钢材是一个国家国力和科技水平的一种体现。钢材的生产量是一个国家技术能力的一种体现，不仅体现社会建设需求，还是国防能力的展现。随着技术的进步，特种钢的需求不断涌现，如高铁用钢、军舰航母用钢、高耸结构用钢、航空航天用钢、汽车用钢等。社会对钢材的品质要求越来越高。

钢材对建筑土木行业的重要性不言而喻。给行业带来经济效益的同时，其生产也造成了巨大的环保问题，如能耗高、污染排放大、水资源消耗多等。围绕着产生的问题，国家也提出了技术进步的要求，鼓励企业创新，进行技能改造。钢材的生产依赖化学、物理学、力学的融合作用。钢材产业是国家战略产业，从生产到使用，如何保证安全耐久、环保低碳都需要多学科共同努力。

第11章　砌墙砖试验

按照《砌墙砖试验方法》（GB/T 2542—2012）的规定，对实心砖、多孔砖和空心砖等各类砌墙砖均要求检验的项目有：尺寸偏差、外观质量、强度等级、抗冻性能；对砌墙砖由于原料、工艺和结构不同而特设的检验项目还包括吸水率、饱和系数、泛霜、石灰爆裂、干燥收缩、碳化系数、体积密度及孔洞率等。本章依据为《砌墙砖试验方法》（GB/T 2542—2012），仅介绍砌墙砖抗压强度试验。

11.1　相关知识点及概念

烧结普通砖：是指以黏土、页岩、煤矸石或粉煤灰为主要原料，经焙烧而成的普通实心砖，标准尺寸为 240 mm×115 mm×53 mm。

烧结多孔砖：是指以黏土、页岩、煤矸石或粉煤灰为主要原料，经焙烧而成的多孔砖，标准尺寸为 290 mm×140 mm×90 mm，根据抗压强度分为MU30、MU25、MU20、MU15、MU10 共 5 个强度等级。

11.2　砌墙砖试样制备

（1）一次成型制样。

一次成型制样适用于采用样品中间部位切割，交错叠加灌浆制成强度试验试样的方式。

①将试样锯成两个半截砖，两个半截砖用于叠合部分的长度不得小于100 mm。如果不足 100 mm，应另取备用试样补足。

②将已切割开的半截砖放入室温的净水中浸 20～30 min 后取出，在铁丝网架上滴水 20～30 min，以断口相反方向装入制样模具中，用插板控制两个半砖间距不应大于 5 mm，砖大面与模具间距不应大于 3 mm，砖断面、顶面与模具间垫以橡胶垫或其他密封材料，模具内表面涂油或脱膜剂。

③将净浆材料按照配制要求，置于搅拌机中搅拌均匀。

④将装好试样的模具置于振动台上，加入适量搅拌均匀的净浆材料，振动时间为 0.5～1 min，停止振动，静置至净浆材料达到初凝时间（约 15～19 min）后拆模。

（2）二次成型制样。

二次成型制样适用于采用整块样品上、下表面灌浆制成强度试验试样的方式。

①将整块试样放入室温的净水中浸 20～30 min 后取出，在铁丝网架上滴水 20～30 min。

②按照净浆材料配制要求，置于搅拌机中搅拌均匀。

③模具内表面涂油或脱膜剂，加入适量搅拌均匀的净浆材料，将整块试样一个承压面与净浆接触，装入制样模具中，承压面找平层厚度不应大于 3 mm。接通振动台电源，振动 0.5～1 min，停止振动，静置至净浆材料初凝（约 15～19 min）后拆模。按同样方法完成整块试样另一承压面的找平。

（3）非成型制样。

非成型制样适用于试样无须进行表观找平处理制样的方式。

①将试样锯成两个半截砖，两个半截砖用于叠合部分的长度不得小于 100 mm。如果不足 100 mm，应另取备用试样补足。

②两半截砖切断口相反叠放，叠合部分不得小于 100 mm，即为抗压强度试样。

（4）试样养护。

一次成型制样、二次成型制样在不低于 10 ℃的不通风室内养护 4 h；非成型制样不需养护，试样气干状态直接进行试验。

11.3　试验步骤

11.3.1　砌墙砖抗压强度试验

主要用到的仪器设备：压力试验机、钢直尺、锯砖机或切砖机、镘刀及试件制作平台等。

试验步骤如表 11-1 所示。

表 11-1　砌墙砖抗压强度试验操作步骤表

操作步数	操作内容
第 1 步	测量每个试件连接面或受压面的长、宽尺寸各两个（精确至 1 mm），分别取其平均值。
第 2 步	将试件平放在压力机加压板的中央，垂直于受压面加荷，以 2~6 kN/s 的加荷速度均匀平衡加荷，不得发生冲击或振动，直至试件破坏，记录最大破坏荷载 P。
第 3 步	试验结果处理： 每块试样的抗压强度测定值 f_i 按式（11-1）计算（精确至 0.1 MPa） $$f_i = \frac{P}{ab} \qquad 公式（11-1）$$ 式中：f_i 为抗压强度，MPa；P 为最大破坏荷载，N；a 为受压面（连接面）的长度，mm；b 为受压面（连接面）的宽度，mm。
第 4 步	试验结果以 10 块试样抗压强度的算术平均值和标准值（或单块最小值）表示。
第 5 步	清洁、整理试验仪器。

11.4　砌墙砖试验多学科联想拓展

黏土砖作为古老的建筑材料，从生产到应用达到上千年，一定是具有许多优点的。由于材料易取得，生产工艺相对简单，使用耐久，在我国的社会发展中曾经具有举足轻重的地位，发挥过不可替代的作用，"秦砖汉瓦"也是其作用的体现。随着硅酸盐水泥的发明，混凝土技术的进步，普通黏土砖逐渐退出了市场，用量大大降低，主要因其生产能耗高、浪费耕地、排放污染大、不利于环保而逐渐被替代了。

从黏土砖的生产、使用至被替代，黏土砖见证了社会的发展，它不仅仅是建筑材料，由它建成的各种建筑物也承载了历史。

现在的古建筑修复还需要定制各种黏土类制品，对黏土砖还有一定的应用，不过对黏土砖利用的技术水平和环保要求更高了。

第 12 章　沥青材料试验

沥青是高分子碳氢化合物及其非金属衍生物组成的极其复杂的混合物。沥青是一种有机胶凝材料，在常温下呈黑色或黑褐色的固体、半固体或液体状态，分为地沥青和焦油沥青。地沥青又可以分为天然沥青和石油沥青。焦油沥青又可以分为煤沥青和页岩沥青。

12.1　相关知识点及概念

石油沥青的组成：按三分法可将石油沥青分为油分、树脂、地沥青质 3 个部分。油分赋予沥青流动性，树脂赋予沥青塑性和黏性，地沥青质赋予沥青黏结力、黏度和温度稳定性。

针入度：是指在规定的温度条件下，以规定质量的标准针 100 g，经历规定时间 5 s 贯入试样中的深度，精确至 0.1 mm。针入度试验常采用的温度有 5 ℃、15 ℃、20 ℃、25 ℃、30 ℃、35 ℃ 等，如未特别说明，一般指 25 ℃ 条件下。针入度越大，表示沥青越软，稠度越小。

软化点：沥青材料是一种非晶质高分子材料，是一种混合物，它由液态转变为固态，或由固态转变为液态时，没有明确的固化点或液化点，通常采用有条件的硬化点和滴落点表示。沥青材料在硬化点至滴落点之间的温度范围内，呈现一种黏滞流动状态。在工程中为保证沥青不致因温度升高而产生流动状态，采用滴落点和硬化点之间的温度间隔的 87.21% 作为软化点。测试软化点时采用环球法测定。软化点越高，沥青温度敏感性越小。

延性：是指沥青受到外力作用时，其所能承受的塑性变形的总能力，通常用延度作为条件延性指标来表征。沥青延度值越大，表示其塑性越好。

12.2　沥青试样的选取及制备

（1）试样的选取。

按照《沥青取样法》的规定选取沥青试样。

（2）制备步骤。

根据《水工沥青混凝土试验规程》，沥青试样的制备步骤如下：

①沥青不得直接用电炉或煤炉明火加热，应将装有沥青试样的盛样器带盖放入恒温烘箱中，烘箱温度为 80 ℃左右，加热至沥青全部熔化供脱水用。

②沥青脱水。将装有已熔沥青的盛样器放在可控温的砂浴、油浴或电热套上加热脱水（采用电炉、煤炉加热时，必须加放石棉垫），并用玻璃棒轻轻搅拌，防止局部过热，在沥青温度不超过 100 ℃情况下，仔细脱水直至无泡沫为止，时间不超过 30 min。最后的加热温度，石油沥青不超过软化点以上 100 ℃，煤沥青不超过软化点以上 50 ℃。

③将盛样器中的沥青通过 0.6 mm 的筛，滤除杂质。不等冷却立即一次性灌入试验的模具中，制成试件。在灌模过程中，如温度下降可放入烘箱中适当加热。试样反复加热的次数不得超过 2 次。

在沥青灌模时，不得反复搅拌沥青，以免混进气泡。

12.3　试验内容及要测定的试验参数

沥青软化点、沥青针入度、沥青延度、沥青混合料车辙试验。

12.4　试验步骤

12.4.1　沥青软化点试验

沥青软化点试验主要根据《水工沥青混凝土试验规程》与《沥青软化点测定法（环球法）》进行。沥青软化点是试样在测定条件下，因受热而下坠达 25 mm 时的温度。

主要用到的仪器设备：沥青软化点测定仪（如图 12-1 所示）、温度计（量程 0～200 ℃)、筛、刮刀、水槽、磨光金属板、烧杯、秒表、垫有石棉网的三脚架（或电炉）等。

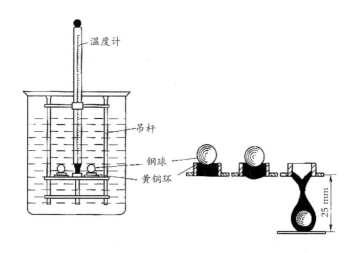

温度计

吊杆

钢球
黄铜环

25 mm

（a）仪器装置图　　　　　（b）沥青软化过程示意图

图 12-1　沥青软化点测定仪

试件制备及试验准备：

①将试样环置于涂有隔离剂的金属板上。如估计软化点在 120 ℃以上时，应将黄铜环和金属板预热至 80～100 ℃。将制备好的沥青试样注入黄铜环内至略高出环面为止。然后在 15～30 ℃的空气中冷却 30 min 后，用热刀刮去高出环面的试样，使试样与环面齐平。估计沥青软化点低于 80 ℃时，将上述注有沥青试样的黄铜环和金属板置于盛满水的恒温水槽内，水温保持（5±0.5)℃，恒温 15 min。估计试样软化点不低于 80 ℃时，将上述注有沥青试样的黄铜环和金属板置于盛满甘油的恒温水槽内，甘油温度保持（32±1)℃，恒温 15 min。或将注有沥青试样的黄铜环水平地安放在环架中承板的孔内，然后放在盛有水或甘油的烧杯中，恒温 15 min，温度要求同恒温水槽。

②烧杯内注入新煮沸并冷却至 5 ℃的蒸馏水（估计软化点不高于 80 ℃的试样），或注入预热至约（32±1)℃的甘油（估计软化点高于 80 ℃的试样），使水面或甘油面略低于环架吊杆上的深度标记。

试验步骤如表 12-1 所示。

表 12-1　沥青软化点试验操作步骤表

操作步数	操作内容
第 1 步	从恒温水槽中取出灌有试样的黄铜环，置于环架中承板的圆孔中，并套上钢球定位器。再将钢球放在试件上，然后把整个环架放入烧杯内。环架上任何部分均不得有气泡。将温度计由上承板中心孔垂直插入，使水银球底部与铜环下面齐平。
第 2 步	将烧杯移放至垫有石棉网的三脚架或电炉上（须使各环的平面处于水平状态），立即加热，使烧杯内水或甘油的温度在 3 min 内以（5±0.5）℃/min 的速度上升（若测试全过程中温度上升速度超出此范围，则试验应重做）。
第 3 步	记录试样受热软化下坠至与下承板面接触时的温度，精确至 0.5 ℃，即为该试样的软化点。
第 4 步	试验结果处理： 取平行测试的两个试样的软化点平均值作为测定结果，精确至 0.5 ℃。 试验精密度要求：两次试验结果之差，不应超过下表的数值。 软化点最大差值参考 <table><tr><td rowspan="2">软化点</td><td colspan="2">＜80 ℃</td><td colspan="2">≥80 ℃</td></tr><tr><td>重复性</td><td>再现性</td><td>重复性</td><td>再现性</td></tr><tr><td>最大差值</td><td>1</td><td>4</td><td>2</td><td>8</td></tr></table>
第 5 步	清洁、整理试验仪器。

12.4.2　沥青针入度试验

沥青的针入度以标准针在一定的荷载、时间及温度条件下垂直穿入沥青试样的深度来表示，精确至 0.1 mm。如未另行规定，标准针、针连杆与附加砝码的合重为（100±0.05）g，温度为（25±0.1）℃，时间为 5 s。特定试验条件应在报告中予以注明。

主要用到的仪器设备：电脑全自动沥青针入度仪（如图 12-2 所示）、试样皿、水槽、恒温槽、反光镜。

图 12-2　电脑全自动沥青针入度仪

试件制备：

①将制备好的沥青试样倒入预先选好的试样皿中，试样深度应大于预估插入深度 10 mm。

②轻轻地盖住试样皿以防落入灰尘，在 15～30 ℃的空气中冷却 1～1.5 h（小试样皿）或 1.5～2 h（大试样皿）。然后将试样皿移入恒温水槽中（水面应没过试样表面 10 mm 以上），在规定的试验温度下小试样皿恒温 1～1.5 h，大试样皿恒温 1.5～2 h。

试验步骤如表 12-2 所示。

表 12-2　沥青针入度试验操作步骤表

操作步数	操作内容
第 1 步	按照《沥青取样法》的规定选取沥青试样。
第 2 步	把放入试样的圆形黄铜试模放入平底容器中，按要求做好恒温稳定存放，小试样稳定 1.5 h，大试样稳定 2 h，做试验时从实验室恒温槽中取出试样，并移入仪器的平底玻璃皿的三角支架上，试样表面以上的水层深度不小于 10 mm。常用水温为 25 ℃，根据需要也可以设定 15 ℃、30 ℃等。

续表

操作步数	操作内容
第 3 步	慢慢放下测试针连杆,在适当位置用反光镜或灯光反射观察,使针入度仪针尖恰好与试样表面接触,将位移针或刻度盘指针复位为零。按下开始键,开始试验,5 s 后仪器自动停止,读取位移计的读数,精确到 0.1 mm。试验 3 次,取平均值。

操作步数	操作内容
第 4 步	以 3 次测试的平均值作为试验结果,取整数。试验结果与平均值的最大差值应不超过下表的数值,否则试验应重做。 **试验结果允许误差**

试验结果允许误差

针入度/0.1 mm	0~49	50~149	150~249	250~500
最大差值/0.1 mm	2	4	12	20

操作步数	操作内容
第 5 步	清洁、整理试验仪器。

12.4.3 沥青延度试验

延度指,在一定温度下,以一定的速度拉伸沥青全断裂时的拉伸长度,以厘米表示。非经特殊说明,试验温度为 (25 ± 0.5)℃,延伸速度为 (50 ± 2.5) mm/min。

主要用到的仪器设备:沥青延度仪(如图 12-3 所示)、试件模具(试件呈"8"形,如图 12-4 所示)、磨光金属底板、恒温水槽(要求同针入度试验)、温度计、刮刀。

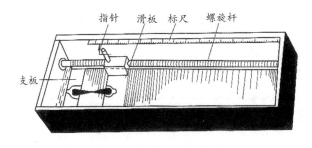

图 12-3 沥青延度仪示意图

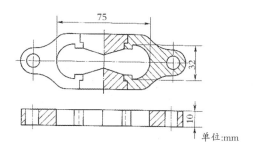

图 12-4　沥青 "8" 字形试模

试件制备：

①将隔离剂均匀涂于磨光金属底板和铜模侧模的内表面（切勿涂于端模内侧面），并将试模组装在金属底板上。

②将制备好的沥青试样呈细流状注入模具（自模具一端至另一端往返多次），使试样略高出模具。

③试件在 15～30 ℃的空气中冷却 30 min，再放入规定温度±0.1 ℃的恒温水槽中保持 30 min 后取出。用热刀将高出模具的沥青刮去，使沥青面与试模面齐平。沥青的刮法应自模中间刮向两边，表面应刮得十分光滑。将试件连同金属底板再浸入恒温水槽中 60～90 min。

试验步骤如表 12-3 所示。

表 12-3　沥青延度试验操作步骤表

操作步数	操作内容
第 1 步	检查延度仪的拉伸速度是否符合要求。拉伸速度的允许误差为±5%。调整与滑板相连的指针，使其正对标尺零点。调整并保持延度仪内水槽中的水温在规定温度±5 ℃。
第 2 步	将试件连同底板自恒温水槽取出，并自金属底板上取下，移至延度仪水槽内，再将模具两端的孔分别套在滑板及槽端的金属柱上，最后去掉侧模。水面距试件表面应不小于 25 mm。
第 3 步	启动延度仪（此时避免仪器振动、水面晃动），观察沥青试件的拉伸情况。如在测定时沥青细丝浮于水面或沉向槽底，则表明槽内水的密度与沥青的密度相差过大，应向水中加入乙醇或氯化钠以调整水的密度，使其与沥青密度相近，然后再进行测定。

续表

操作步数	操作内容
第 4 步	试件拉断时指针所指标尺上的读数，即为试件的延度，以厘米计。在正常情况下，试件被拉伸成锥尖状或极细丝。在断裂时实际横断面为零。如不能得到上述结果，则认为在此条件下无测定结果，应在报告中注明。
第 5 步	同一样品平行试验 3 次，如 3 个测值均大于 100 cm，试验结果记作">100"，如有特殊需要也可分别记录实测值。3 个测值中，有一个以上的测值小于 100 cm 时，若最大值或最小值与平均值之差满足重复性试验精密度要求，则取 3 个测定结果的算术平均值的整数作为延度试验结果，若平均值大于 100 cm，记作">100 cm"。当试验结果平均值小于 100 cm 时，重复性试验的精密度为平均值的 20%，再现性试验的精密度为平均值的 30%。
第 6 步	清洁、整理试验仪器。

12.4.4 沥青混合料车辙试验

沥青混合料车辙试验是测试在规定尺寸的板块压实试件上，用固定荷载的橡胶轮反复行走，测定试件变形稳定期每增加变形 1 mm 的碾压次数，即动稳定度，以次/mm 表示。

主要用到的仪器设备：车辙试验机、恒温室、台秤、热电偶温度计。

试验准备：

①试验轮接地压强测定。在 60 ℃时，在试验台上放置一块 50 mm 厚的钢板，在其上铺一张毫米方格纸，上铺一张复写纸，以规定的 700 N 荷载试验轮静压复写纸，即可在方格纸上得出轮压面积，并由此求得接地压强。当压强不在（0.7±0.05）MPa 范围时，荷载应予适当调整。

②制作车辙试块。试块尺寸 300 mm×300 mm×50 mm。

③试件养护。试件成型后，连试模一起在常温下放置不得少于 12 h，若使用聚合物改性沥青，则放置时间以 48 h 为宜，最长不长于 1 周。

试验步骤如表 12-4 所示。

表 12-4　沥青混合料车辙试验操作步骤表

操作步数	操作内容
第1步	将试件连同试模放入温度（60±1)℃的恒温室中，保温不少于5 h，也不得多于24 h，在试件的试验轮不行走的部位上，粘贴一个热电偶温度计，控制试件温度稳定在（60±0.5)℃。
第2步	将试件连同试模移置车辙试验机的试验台上，试验轮在试件的中部位，其行走方向须与试件碾压或行车方向一致。启动车辙变形自动记录仪，然后启动试验机，使试验轮往返行走，时间约1 h，或最大变形达到25 mm时为止。
第3步	从自动记录的变形曲线上读取45 min（t_1）及60 min（t_2）时的车辙变形值d_1及d_2，准确至0.01 mm。当变形过大，未到60 min变形已达25 mm时，则以达到25 mm（d_2）时的时间为t_2，将其前15 min计为t_1，此时的变形量为d_1。
第4步	试验结果处理： 动稳定度按式（12-1）计算 $$DS=\frac{(t_2-t_1)\times42}{d_2-d_1}\times C_1\times C_2 \qquad 公式（12-1）$$ 式中：DS为沥青混合料的动稳定度，次/ mm；d_1为时间t_1（一般为45 min）的变形量，mm；d_2为时间t_2（一般为60 min）的变形量，mm；C_1为试验机类型修正系数，曲柄连杆驱动试件的变速行走方式系数为1.0，链驱动试验轮的等速方式系数为1.5；C_2为试件系数，实验室制备的宽300 mm的试件系数为1.0，从路面切割的宽150 mm的试件系数为0.8。
第5步	同一沥青混合料至少平行试验3个试件，当3个试件动稳定度变异系数小于20％时，取算术平均值作为试验结果。变异系数大于20％时应分析原因，并追加试验。
第6步	清洁、整理试验仪器。

12.5　沥青材料试验多学科联想拓展

沥青材料的组成十分复杂，性质受环境、温度、湿度、日照影响很大，所以对其力学技术性质应严格检验，特别是在使用过程中，要实时观察和检测其性能，及时修补和更换。

沥青材料的优点使其使用范围广泛，能够在高速公路、省干道、城市道路、建筑防水、建筑防水制品等应用场景发挥其憎水、工程应用快速施工的特点，得到工程界的欢迎。但是沥青的多组分、易燃、有一定毒性等性质也使其应用需特别注意环境保护。由于沥青是石油冶炼加工的副产品，受石油化工行业技术的影响，它的耐久性、老化性变化较大。同时，受使用频率的影响，道路工程使用频率大大超出设计标准，易造成沥青使用寿命缩短，使道路小修、中修、大修时间变短。而且，道路修复时间紧迫，维修的时间、空间受限，这使工程技术人员就这些问题进行了进一步研究，推进了就地再生技术发展，使改性沥青种类增加较快。另外，随着人们对行车舒适度、安全度的要求越来越高，沥青中掺加橡胶粉的技术应用越来越多，实际效果良好。

沥青混合料试验项目较多，需要的仪器设备种类也较多，由于材料的特殊性需要单独设置实验室，而且由于需要热搅拌沥青混合料，要求通风设施要齐全，必要时设置专用通风橱柜，同时要求试验人员要做好防护工作。沥青混合料试验的特殊性，也要求做好防火的器具准备，确保试验人员和设备安全。

沥青混合料试验是全面检验沥青混凝土的性质的基本试验，对粗细集料、沥青质量要求较高，要按照设计要求查表审核各种材料，研究计算如何确定各组成材料数量。对于影响沥青混合料强度的因素，如矿物集料对内摩擦角的影响、沥青含量对内摩擦角的影响、沥青材料的黏性对黏聚力的影响、矿物颗粒间的连接形式对黏聚力的影响等，要进一步研究。沥青混合料的试验还包括高稳定性试验、低温抗裂性试验、耐久性试验、水稳定性试验、抗滑性试验、施工和易性试验、混合料的配合比设计试验等。试验内容较多，涉及的仪器及操作要求较高。

我国的高速公路里程逐渐增多，需要维修保养的里程相应加大，经济发展也使车辆数量快速增加，致使留给交通部门的道路维护时间和空间不断减少，这就要求采用新技术、新手段来应对道路交通问题，这也对研究新型高聚物改性沥青、树脂改性沥青、SBS 改性沥青、橡胶改性沥青等提出了更高的要求，对跨专业的综合人才培养也提出了更高的现实要求，这使得化工加工专业、化学分析专业、车辆专业、土木道路桥梁专业的结合紧密度越来越高。

第 13 章　木材试验

木材是人类建筑史上最早使用的土木建筑材料之一。我国木材建筑历史悠久，技术高超。

木材优点：轻质，弹性、韧性好，抗冲击振动性好，导热系数低，易于加工。

木材缺点：构造不均匀，存在各向异性，湿胀干缩变化大，易翘曲开裂，耐火性差，易腐蚀、虫蛀。

13.1　相关知识点及概念

①木材分类。按大类分为针叶树和阔叶树。针叶树树干通直高大，枝杈较小，纹理顺直，材质均匀，木质较软，易于加工，又称软材。阔叶树树叶宽大，叶脉成网状，树干通直部分较短，枝杈较大，材质重、硬而较难加工，又称硬材。阔叶树强度高，胀缩变形大，易翘曲变形，但板面美观，具有装饰作用，适于制家具和室内装修。

②年轮。树木生长呈周期性，在一个生长周期内产生一层木材环轮，也叫生长轮。树木在温带气候地区一年仅有一轮的生长，所以生长轮又称为年轮。从横切面上看，年轮是围髓心、深浅相间的同心环。

③早材。在同一生长年中，春天树木细胞分裂速度快，细胞腔大、壁薄，所以构成的木质较疏松，木材颜色较浅，称为早材或春材。

④晚材。夏、秋两季树木细胞分裂速度慢，细胞腔小、壁厚，构成的木质较致密，木材颜色较深，称为晚材或夏材。

⑤边材与心材。有些树种，在横切面上材色可以分为内、外两大部分，颜

色较浅靠近树皮的部分称为边材，颜色较深靠近髓心的部分称为心材。边材具有生理活性，能够为树木运输和储藏水分、矿物质和营养物质。心材无生理活性，仅起支撑作用，含水量小，不易变形，耐腐蚀性好。

⑥髓心与髓线。髓心是树木最早形成的木材部分，易于腐朽，一般不能用。髓线由横行薄壁细胞所组成，能够横向传递和储存养分。在横切面上，髓线以髓心为中心，呈放射状分布，从纵切面上看，髓线为横向的带条。髓线与周围组织连接差，木材干燥时易沿此开裂。

⑦木材的含水率。指木材中所含水的质量占干燥木材质量的百分数。新伐倒的树木称为生材，其含水率一般为 70%～140%。木材中有自由水、吸附水、化合水。

⑧木材的湿胀干缩。当木材从潮湿状态干燥至纤维饱和点时，自由水蒸发不改变其尺寸；继续干燥，细胞壁中吸附水被蒸发，细胞壁基本相收缩，从而引起木材体积收缩。反之，干燥木材吸湿时将发生体积膨胀，直到含水量达到纤维饱和点时为止。木材细胞壁越厚，涨缩越大。表观密度大、夏材含量多的木材涨缩变形较大。

⑨木材的强度。由于木材构造各向不同，其强度呈现出明显的各向异性。因此，木材力学强度分为顺纹抗压、横纹抗压、顺纹抗拉、横纹抗拉、顺纹抗剪、横纹抗剪、横纹切断及抗弯等。

13.2　试验内容及要测定的试验参数

木材含水率、木材抗弯强度、木材顺纹抗压强度、木材顺纹抗拉强度、木材顺纹抗剪强度试验。

13.3　试验步骤

13.3.1　木材含水率试验

主要用到的仪器设备：天平、烘干箱、玻璃干燥器、称量瓶。

试验步骤如表 13-1 所示。

表 13-1 木材含水率试验操作步骤表

操作步数	操作内容
第 1 步	截取试样，尺寸 20 mm×20 mm×20 mm，去除木屑、碎片等杂质，称量其质量，精确到 0.001 g。
第 2 步	将同批试样放入烘干箱内，在（103±2）℃的温度下烘干 10 h 后，从中选定 2～3 个试样进行第一次称量，以后每隔 2 h 称量一次，至最后两次称量之差不超过 0.002 g 时，即认为试样达到全干。
第 3 步	将试样从烘干箱中取出，放于干燥器内的称量瓶中，盖好称量瓶和干燥器盖。试样冷却至室温后，自称量瓶中取出试样并称量。
第 4 步	试验结果处理： 含水率按式（13-1）计算 $$W=\frac{m_1-m_0}{m_0}\times100\%\qquad\qquad 公式（13\text{-}1）$$ 式中：W 为试样含水率，%；m_1 为试样烘干前质量，g；m_0 为试样全干后的质量，g。
第 5 步	清洁、整理试验仪器。

13.3.2 木材抗弯强度试验

主要用到的仪器设备：万能试验机、测量量具等。

试验步骤如表 13-2 所示。

表 13-2 木材抗弯强度试验操作步骤表

操作步数	操作内容
第 1 步	试样尺寸为 20 mm×20 mm×300 mm，顺纹方向为长边长，含水率的调整按规定进行。在试样长度中央，测量径向尺寸为宽度 b（mm），弦向为高度 h（mm），精确至 0.1 mm。
第 2 步	将试样放在万能试验机的两支座上，采用三等分受力，以均匀速度加荷，在 1～2 min 内使试样破坏，记录破坏荷载 F_{max}（N），精确至 10 N。
第 3 步	试验破坏后，立即在靠近试样破坏处截取约 20 mm 长的木块（1 个）测定含水率。

续表

操作步数	操作内容
第4步	试验结果处理： 试样含水率为 W（%）时的抗弯强度，按式（13-2）计算 $$\sigma_{bW}=\frac{F_{\max}L}{bh^2} \qquad 公式（13-2）$$ 按式（13-3）换算成标准含水率（15%）时的抗弯强度（精确至 0.1 MPa） $$\sigma_{b15}=\sigma_{bW}\left[1+a\left(W-15\right)\right] \qquad 公式（13-3）$$ 式中：σ_{b15} 为试样含水率为 15%时的抗弯强度，MPa；W 为试样含水率，%；a 为含水率修正系数，所有树种抗弯 $a=0.04$。
第5步	清洁、整理试验仪器。

13.3.3　木材顺纹抗压强度试验

主要用到的仪器设备：万能试验机、测量量具等。

试验步骤如表 13-3 所示。

表 13-3　木材顺纹抗压强度试验操作步骤表

操作步数	操作内容
第1步	试样尺寸为 30 mm×20 mm×20 mm，顺纹方向为长边长，含水率的调整按规定进行。在试样长度中央，测量径向尺寸为宽度 b（mm）、长度 a（mm），精确至 0.1 mm。
第2步	将试样放在试验机球面活动支座的中心位置，以均匀速度加荷，在 1.5~2 min 内使试样破坏，记录破坏荷载 $F_{\max}$（N），精确至 100 N。
第3步	试样破坏后，立即在靠近试样破坏处截取约 20 mm 长的木块（1个）测定试样含水率。
第4步	试验结果处理： 试样含水率为 W（%）时的抗压强度，按式（13-4）计算 $$\sigma_{cW}=\frac{F_{\max}}{ba} \qquad 公式（13-4）$$ 按式（13-5）换算成标准含水率（15%）时的抗弯强度（精确至 0.1 MPa） $$\sigma_{c15}=\sigma_{cW}\left[1+a\left(W-15\right)\right] \qquad 公式（13-5）$$ 式中：σ_{c15} 为试样含水率为 15%时的抗压强度，MPa；W 为试样含水率，%；a 为含水率修正系数，所有树种顺纹抗压 $a=0.05$。
第5步	清洁、整理试验仪器。

13.3.4 木材顺纹抗拉强度试验

主要用到的仪器设备：万能试验机（夹钳口尺寸为 10～20 mm，具有球面活动接头）、测量量具、硬木垫块等。

试验步骤如表 13-4 所示。

表 13-4 木材顺纹抗拉强度试验操作步骤表

操作步数	操作内容
第 1 步	试样尺寸为总长 370 mm，试验标距 60 mm，夹持头尺寸 20 mm×15 mm，试验时在夹持头附以 90 mm×14 mm×8 mm 的硬木垫块，保护夹持头里的试样头不被破坏。
第 2 步	在试样有效部分测量厚度 t（mm）和宽度 b（mm），精确到 0.1 mm。将试样两端夹紧在试验机的钳口中，使试样宽面与钳口相接触，两端靠近弧形部分露出 20～25 mm，竖直地安装在试验机上。
第 3 步	试验以均匀速度加荷，在 1.5～2 min 内使试样破坏，记录破坏荷载 F_{max}（N），精确至 100 N。若拉断处不在试样有效部分，试验结果应舍弃。试验后应立即检测含水率。
第 4 步	试验结果处理： 试样含水率为 W（%）时的顺纹抗拉强度按式（13-6）计算 $$\sigma_{tW}=\frac{F_{max}}{bt} \qquad 公式（13-6）$$ 按式（13-7）换算成标准含水率（15%）时的抗弯强度（精确至 0.1 MPa） $$\sigma_{t15}=\sigma_{tW}\left[1+a\left(W-15\right)\right] \qquad 公式（13-7）$$ 式中：σ_{t15} 为试样含水率为 15% 时的顺纹抗拉强度，MPa；W 为试样含水率，%；a 为含水率修正系数，顺纹抗拉阔叶树 $a=0.015$，针叶树 $a=0$。
第 5 步	清洁、整理试验仪器。

13.3.5 木材顺纹抗剪强度试验

主要用到的仪器设备：万能试验机、木材顺纹专用抗剪试验装置、测量量具等。木材顺纹抗剪强度试验装置如图 13-1 所示。木材顺纹抗剪强度试样如图 13-2 所示。

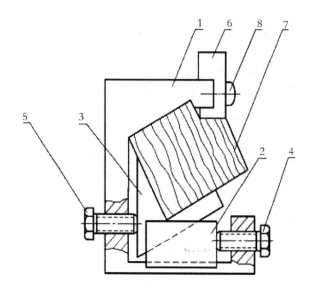

图 13-1　木材顺纹抗剪强度试验装置

1—附件主杆；2—楔块；3—L形垫块；

4、5—螺杆；6—压块；7—试样；8—圆头螺钉

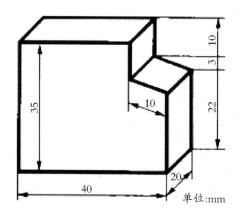

单位:mm

图 13-2　木材顺纹抗剪强度试样

试验步骤如表 13-5 所示。

表 13-5　木材顺纹抗剪强度试验操作步骤表

操作步数	操作内容
第 1 步	试样抗剪尺寸为受剪的宽度 b（mm）和长度 l（mm），精确至 0.1 mm。将试样装于试验装置的垫块位置上，调整好试样，使试样的顶端和顶端右侧紧临小面上部凹角的相邻两侧面平齐，至试样不动为止。
第 2 步	将安装好试样的试验装置放在试验机上，使压块的中心对准试验机上的中心位置。
第 3 步	以均匀速度加荷，在 1.5～2 min 内使试样破坏，记录破坏荷载 F_{max}（N），精确至 10 N。试样破坏后立即测定其含水率。
第 4 步	试验结果处理： 试样含水率为 W（%）时的弦面或径面顺纹抗剪强度，按式（13-8）计算 $$\sigma_{sw}=\frac{0.9578F_{max}}{bl} \qquad 公式（13-8）$$ 按式（13-9）换算成标准含水率（15%）时的抗弯强度（精确至 0.1 MPa） $$\sigma_{s15}=\sigma_{sw}\left[1+a（W-15）\right] \qquad 公式（13-9）$$ 式中：σ_{s15} 为试样含水率为 15% 时的顺纹抗剪强度，MPa；W 为试样含水率，%；a 为含水率修正系数，所有树种顺纹抗剪 $a=0.03$。
第 5 步	清洁、整理试验仪器。

13.4　木材试验多学科联想拓展

木材是土木工程重要的材料之一，特别是古代建筑的主要建造材料。例如，应县木塔建于辽清宁二年（1056 年），至今已有近千年，是我国现存最高的一座古老的木结构塔式建筑。应县木塔之所以千年不倒，除精巧的结构和当地宜于木材保存的独特气候外，对建筑材料的精心选择也是关键的一点。

随着社会的发展，特别是水泥的发明、混凝土的应用、钢筋混凝土的应用，木材作为承重材料的地位被慢慢取代。但是，木材作为土木材料，其应用转向了其他方面，如建筑内装修、家具制造等。现在，人工合成木质材料层出不穷，木材制品也向环保应用方向逐步发展。

木材的试验方法也得到改进，目前技术人员更倾向于对木材进行整体试验。

传统的材料力学试验对于具有各向异性的材料来说并不能完全表现其力学性质，这主要是因材料内部缺陷较多、生理特性复杂造成的。传统材料力学试验中，局部的力学指标可能优异，整体性能还要整体试验才能体现。

另外，因材质特点，木材的防火、防腐蚀、防虫蛀试验成为古建筑保护需要研究的重要方面，越来越得到重视，这些试验的研究进步对考古学也提供了技术支持。

第14章　常用土木工程材料实验报告模板

姓名：_____　专业：_____

学号：_____　成绩：_____

试验一　材料基本物理性质试验

试验日期：　　　年　　月　　日　　　　实验室温度：_____

试验1.1　密度试验

1. 试验目的

掌握材料密度的测定方法，测定材料的密度。材料的密度是指材料在绝对密实状态下单位体积的质量。主要用来计算材料的孔隙率和密实度。而材料的吸水率、强度、抗冻性及耐蚀性都与孔隙的大小及孔隙特征有关。砖、石材、水泥等材料，其密度都是一项重要指标。

2. 试验仪器设备

密度瓶（又名李氏瓶）、筛子（孔径0.2 mm或900孔/cm^2）、量筒、烘箱、天平（量程0~1 kg；分度值0.01 g）、球磨机、水槽、温度计、玻璃漏斗和瓷皿、滴管、骨匙等。

3. 试验步骤

4. 试验数据

试验温度	
试验前试样质量 m_1 /g	
密度瓶内液面初读数 V_1 /cm³	
加入试样后，瓶内液面读数 V_2 /cm³	
试样体积（$V = V_2 - V_1$）/cm³	
剩余试样质量 m_2 /g	
加入试样质量（$m = m_1 - m_2$）/g	
密度 $\rho = \dfrac{m}{V}$ /（g/cm³）	
备注	

试验 1.2　表观密度试验（针对形状规则的试样）

1. 试验目的

测定材料的表观密度。表观密度是指材料在自然状态下，单位表观体积（包括材料的固体物质体积与内部封闭孔隙体积）的质量。测定表观密度可为近似绝对密实的散粒材料计算空隙率提供依据。

2. 试验仪器设备

天平（量程 0～10 kg，分度值 1 g）、游标卡尺（精确到 1 mm）、烘箱。

3. 试验步骤

4. 试验数据

试验温度：

		试样 1				试样 2			
		1 次	2 次	3 次	平均值	1 次	2 次	3 次	平均值
试件尺寸	长 a /cm								
	宽 b /cm								
	高 c /cm								
试件体积（$V_0 = a \times b \times c$）/cm³									
试件质量 m /g									
表现密度（$\rho_0 = \dfrac{m}{V_0}$）/（g/cm³）									
平均表观密度/（g/cm³）									

5. 孔隙率计算

试验 1.3　吸水率试验

1. 试验目的

测定材料的吸水率。材料吸水饱和时，其含水率称为吸水率。

2. 试验仪器设备

天平（量程 0～10 kg，分度值 1 g）、烘箱、储水容器等。

3. 试验步骤

4. 试验数据

试样编号	烘干至恒重时试样质量 m_1 / g	试样吸水饱和时的质量 m_2 / g	试样吸水率 W_x /%	平均吸水率/%
1				
2				
3				
备注	以 3 个试样吸水率的平均值为最后结果,精确至 0.01%。			

思考题

材料密度、表观密度、孔隙率、密实度的关系是怎样的? 孔隙率变大,密度、表观密度、密实度如何变化?

试验二　水泥试验

试验日期:　　年　　月　　日　　　实验室温度: _____

水泥品种: _____　　　　　制造厂名: _____

原标注号: _____　　　　　出厂日期: _____

试验 2.1　细度试验

1. 试验目的

检验水泥颗粒的粗细程度。由于水泥的许多性质（凝结时间、收缩性、强度等）都与水泥的细度有关，因此必须检验水泥的细度，以它作为评定水泥质量的依据之一。细度检验有负压筛法、水筛法和干筛法 3 种方式，在检验过程中，如负压筛法与水筛法或干筛法的测定结果有争议时，以负压筛法为准。

2. 试验仪器设备

负压筛析仪、天平（量程 0～100 g，分度值 0.05 g）、毛刷等。

3. 试验步骤

4. 试验数据

试验方法	
试样质量 m /g	
烘干后筛余物质量 m_1 /g	
筛余百分数/%	
结果评定	
备注	

试验 2.2　水泥标准稠度用水量测定试验

1. 试验目的

水泥的凝结时间和安定性都与用水量有关，为了消除试验条件的差异而有利于比较，水泥净浆必须有一个标准的稠度。本试验的目的就是测定水泥净浆达到标准稠度时的用水量，以便为进行凝结时间和安定性试验做好准备。

2. 试验仪器设备

测定水泥标准稠度和凝结时间的维卡仪、水泥净浆搅拌机、搪瓷盘、小插刀、量水器（最小可读为 0.1 mL，精度 1%）、天平、玻璃板（150 mm×150 mm×5 mm）等。

3. 试验步骤

4. 试验数据

试样质量 m /g	
用水量 W /mL	
试锥下沉深度 S / mm	
标准稠度用水量 P /%	
备注	P 以水泥质量的百分率计。

试验 2.3　水泥凝结时间测定试验

1. 试验目的

测定水泥加水后至开始凝结（初凝）以及凝结终了（终凝）所用的时间，用以评定水泥凝结性质。

2. 试验仪器设备

测定仪（与测定标准稠度用水量时所用的测定仪相同，只是将试杆换成初凝、终凝试针）、湿气养护箱［养护箱应能将温度控制在（20±1）℃，湿度大于90%］、玻璃板（150 mm×150 mm×5 mm）。

3. 试验步骤

4. 试验数据

试样质量 m /g	
标准稠度用水量 P /%	
初凝时间	_____ h _____ min
终凝时间	_____ h _____ min
结果评定	
备注	

试验 2.4　水泥体积安定性试验

1. 试验目的

检验水泥在凝结硬化过程中体积变化的均匀性。当用含有游离 CaO、MgO 或 SO_3 较多的水泥拌制混凝土时，会使混凝土出现龟裂、翘曲甚至崩溃现象，易造成建筑物的漏水，加速腐蚀等危害。所以必须检验水泥加水拌和后在硬化过程中体积变化是否均匀，是否会因体积变化而引起膨胀、裂缝或翘曲。水泥安定性用雷氏夹法（标准法）或试饼法（代用法）检验，有争议时以雷氏夹法为准。雷氏夹法是观测由两个试针的相对位移所指示的水泥标准稠度净浆体积膨胀的程度，即水泥净浆在雷氏夹中沸煮后的膨胀值，进而判断水泥的安定性。试饼法是观察水泥净浆试饼沸煮后的外形变化来检验水泥的体积安定性。

2. 试验仪器设备

雷氏沸煮箱、雷氏夹、雷氏夹测定仪、玻璃板。

3. 试验步骤

4. 试验数据

试件编号	沸煮前针尖距离 A /mm	沸煮后针尖距离 C /mm	增加的针尖距离 ($C-A$) /mm	($C-A$) 平均值/mm	($C-A$) 差值/mm	试饼法外观检查	判断安定性
1							
2							
结果评定	当两个试件煮后增加距离的平均值不大于 5 mm 时，即认为该水泥安定性合格，当超过 5 mm 时，应用同一样品材料立即重做试验。						

试验 2.5 水泥胶砂强度试验

1. 试验目的

检验水泥各龄期强度，以确定强度等级；或已知强度等级，检验强度是否满足原强度等级规定中各龄期强度要求。

2. 试验仪器设备

水泥胶砂搅拌机、水泥胶砂试体成型振实台、水泥胶砂试模、抗折试验机、抗折夹具、金属直尺、抗压试验机、抗压夹具、量水器等。

3. 试验步骤

4. 试验数据

试件准备：

试件成型日期			年 月 日	
成型 3 条试件所需材料	水泥质量/g	标准砂质量/g	用水量/mL	水灰比
试件测量日期	年 月 日		试件养护龄期/d	

抗折强度测定：

加荷速度：_____ kN/s

编号	试件尺寸/mm			破坏荷载/ kN	抗折强度/ MPa	抗折强度平均值/ MPa	备注
	宽 b	高 h	跨距 L				
1							以 3 个试件的抗折强度平均值作为试验结果，当 3 个强度中有 1 个超过平均值 ±10％时，应予以剔除并取余下两个抗折强度的平均值作为试验结果。
2							
3							

抗压强度测定：

加荷速度：_____ kN/s

编号	受压面积/mm²	破坏荷载/kN	抗压强度/MPa	抗压强度平均值/MPa	备注
1					以6个试块的抗压强度算术平均值作为试验结果,当6个测定值中有1个超出平均值的±10%,应剔除这个测定值,以余下5个测定值的平均值作为试验结果;如果5个值中再有1个超出平均值的±10%,则此组试验结果作废。
2					
3					
4					
5					
6					

思考题

1. 水泥性能试验中为什么要求测其标准稠度用水量?

2. 进行凝结时间测定时,制备好的试件没有放入湿气养护箱中养护,而是暴露在相对湿度为50%的室内,试分析其对试验结果的影响。

试验三　混凝土试验

试验日期：　　　年　　月　　日　　　实验室温度：＿＿＿＿＿＿＿

试验 3.1　细集料筛分试验

1. 试验目的

测定混凝土用砂的颗粒级配，计算细度模数，评定砂的粗细程度，为混凝土配合比设计提供依据。

2. 试验仪器设备

方孔筛（孔边长为 0.15 mm、0.30 mm、0.60 mm、1.18 mm、2.36 mm、4.75 mm 及 9.50 mm 的方孔筛各 1 只，并附有筛底和筛盖）、天平（量程 0～1000 g，分度值 1 g）、摇筛机、鼓风烘箱、浅盘、毛刷等。

3. 试验步骤

4. 试验数据

烘干砂样质量 500 g				
筛分结果				细度模数计算
筛孔尺寸/ mm	分计筛余		累计筛余 百分率/%	
	质量/g	百分率/%		
9.50				
4.75				
2.36				$\mu_f = \dfrac{(A_2+A_3+A_4+A_5+A_6)-5A_1}{100-A_1}$
1.18				
0.60				
0.30				
0.15				
筛底				
结果 评定	按 μ_f 分级			
	级配属		区	
	级配情况			
备注				

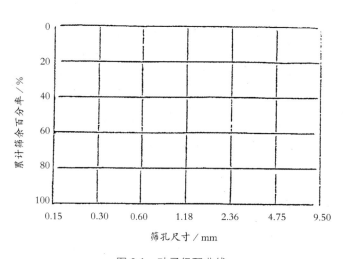

图 3-1 砂子级配曲线

试验 3.2　粗集料强度试验

1. 试验目的

测定粗集料的强度（用压碎指标法）。

2. 试验仪器设备

方孔石子筛（筛框内径为 300 mm、筛孔尺寸为 2.5 mm 的筛及筛底和筛盖）、压力试验机、石子压碎仪、天平及台秤（称量范围随试样质量而定，分度值为试样质量的 0.1% 左右）、浅盘、毛刷等。

3. 试验步骤

4. 试验数据

试样质量/g	压碎后筛余的试样质量/g	压碎指标

试验 3.3　集料含水率试验

1. 试验目的

测定集料的含水率。

2. 试验仪器设备

浅盘、天平（称量范围随试样质量而定，分度值为试样质量的 0.1% 左右)、鼓风干燥箱、毛刷等。

    3. 试验步骤

    4. 试验数据

含水试样质量/g	完全烘干后的试样质量/g	含水率/%

试验 3.4　混凝土拌和物试验

1. 混凝土配合比设计要求和原材料数据

配合比设计要求				混凝土强度等级	
				坍落度/mm	
原材料性质	水泥	品种		出厂日期		
		标号		密度/（g/cm³）		
	砂子	细度模数 μ_f		最大粒径/mm	
		级配情况		级配情况	
		表观密度/（g/cm³）		石子	表观密度/（g/cm³）	
		堆积密度/（kg/L）		堆积密度/（kg/L）	
		空隙率/%		空隙率/%	
		含水率/%		含水率/%	

2. 混凝土初步配合比设计

	初步配合比	每立方米混凝土用量/kg	质量比	15 L 试拌用量/kg
水泥				
水				
砂				
石				

3. 试验仪器设备

混凝土搅拌机、磅秤、天平（量程 0～5 kg，分度值 1 g）、量筒、拌铲、拌板等。

4. 试验步骤

5. 试验结果

$1 \ m^3$ 混凝土各材料用量：

试验 3.5　立方体抗压强度试验

1. 试验目的

测定混凝土立方体抗压强度，以检验材料的质量，确定、校核混凝土配合比，供调整混凝土实验室配合比用；此外，还可应用于检验硬化后混凝土的强度性能，为控制施工质量提供依据。

2. 试验仪器设备

压力试验机、振动台、试模、捣棒、小铁铲、金属直尺、镘刀等。

3. 试验步骤

4. 试验结果

试件测试日期：　　　年　月　日　　试件成型日期：　　　年　月　日

计算加荷速度：_____kN/s

试件编号	1	2	3
试件养护龄期/d			
试件受压面积/ mm^2			
试件破坏荷载/kN			
试件立方体抗压强度/MPa			
抗压强度代表值/MPa			
换算成28 d龄期的抗压强度/MPa			
换算成标准尺寸的抗压强度/MPa			
备注			

思考题

1. 坍落度太大或太小时，应如何调整？调整时应注意哪些事项？

2. 混凝土的强度与水灰比有何关系？如何确定水灰比？

试验四　超高强 C100 混凝土的配合比设计试验

本试验属于《土木工程材料实验》选择性试验。通过试验，掌握超高强配合比设计的方法，掌握仪器使用方法及试验步骤，学会独立思考、独立操作，会处理试验数据，并加深对理论知识的理解。

一、试验目的

学习：

（1）超高强 C100 混凝土配合比设计。

（2）拌和物稠度试验的方法。

（3）混凝土中各组分对其强度及性能产生的影响。

（4）混凝土和易性的调整方法。

（5）混凝土抗压试验方法及判别标准。

二、试验设备

3000 kN 恒压式压力万能材料试验机、HW-60L 强制式双卧轴混凝土搅拌机、水泥砂浆搅拌机、水泥抗折试验机、混凝土快速养护箱。

三、试验步骤

1. C100 混凝土基本设计数据

参考《CECS 207—2006 高性能混凝土应用技术规程》《用于水泥和混凝土中的粉煤灰（GBT 1596—2005）》《普通混凝土配合比设计规程 JGJ 55—2011》《GBT 50107—2010 混凝土强度检验评定标准》《GBT 50107—2010 混凝土强度检验评定标准（最新）》。

主要设计：优质水泥＋优质砂石＋高效减水剂＋矿物掺合料。

大于 42.5 MPa 级别的高强水泥；砂子细度模数大于 2.8；石子含泥量小于 0.5%，土块含量 1%；高效减水剂减水效率大于 20%；矿物掺合料采用多掺法。

2. 基本配方

3. C100 新拌混凝土的技术性质

4. C100 混凝土的养护方法

①标准养护：

浇筑日期 3 d 强度：_____MPa；7 d 强度：_____MPa；28 d 强度：_____MPa。

②混凝土快速养护法：

浇筑日期：

24 h 养护，4 h 快速养护，1 h 静置

抗压强度：_____ MPa

思考题

1. 超高强混凝土与普通混凝土的区别是什么？超高强混凝土试验及养护的注意事项有哪些？

2. 怎样评定超高强混凝土的和易性？指标有哪些？

试验五　沥青试验

试验 5.1　沥青针入度试验

1. 试验目的

评定沥青黏滞性，确定沥青标号。

2. 试验仪器设备

针入度仪、标准针、试样皿、恒温水浴箱、温度计、平底玻璃皿、计时器、加热设备等。

3. 试验步骤

4. 试验结果

样品编号	试验温度/℃	试验时间/s	试验荷重/g	读数（精确至 0.1 mm）			针入度平均值/mm
				第一次针入度/mm	第二次针入度/mm	第三次针入度/mm	

试验 5.2 沥青软化点试验（环球法）

1. 试验目的

测定沥青软化点。沥青软化点是反应沥青温度稳定性的指标，测定该指标可便于控制施工质量。

2. 试验仪器设备

软化点测定仪、电炉及其他加热器、金属板或玻璃板、筛（筛孔为0.6 mm 的金属网）、小刀（切沥青用）。

3. 试验步骤

4. 试验结果

烧杯内液体种类		
试验开始时液体温度/℃		
软化点/℃	第一环	
	第二环	
	平均值	
备注		

试验 5.3　沥青延度试验

1. 试验目的

测定沥青延度，作为评定沥青塑性的指标，并作为控制施工质量的依据。

2. 试验仪器设备

全自动电脑控制沥青延度仪、试件模具、金属板或玻璃板、恒温水浴箱、温度计、筛（筛孔为 0.6 mm 的金属网）、电炉及其他加热器、刮刀等。

3. 试验步骤

4. 试验结果

试样温度	试样编号	延度值/cm	延度平均值/cm
备注			

思考题

影响针入度测定准确性的主要因素有哪些?

参考文献

[1] 建筑生石灰,JC/T 479—2013.

[2] 建筑消石灰,JC/T 481—2013.

[3] 天然石膏,GB/T 5483—2008.

[4] 通用硅酸盐水泥,GB 175—2020.

[5] 用于水泥中的粒化高炉矿渣,GB/T 203—2008.

[6] 用于水泥、砂浆和混凝土中的粒化高炉矿渣粉,GB/T 18046—2017.

[7] 用于水泥和混凝土中的粉煤灰,GB/T 1596—2021.

[8] 用于水泥中的火山灰质混合材料,GB/T 2847—2005.

[9] 掺入水泥中的回转窑窑灰,JC/T 742—2009.

[10] 水泥助磨剂,GB/T 26748—2011.

[11] 水泥组分的定量测定,GB/T 12960—2019.

[12] 水泥化学分析方法,GB/T 176—2017.

[13] 水泥原料中氯离子的化学分析方法,JC/T 420—2006.

[14] 水泥标准稠度用水量、凝结时间、安定性检验方法,GB/T 1346—2011.

[15] 水泥胶砂强度检验方法,GB/T 17671—2021.

[16] 水泥胶砂流动度测定方法,GB/T 2419—2005.

[17] 水泥比表面积测定方法　勃氏法,GB/T 8074—2008.

[18] 水泥细度检验方法　筛析法,GB/T 1345—2005.

[19] 中热硅酸盐水泥、低热硅酸盐水泥,GB/T 200—2017.

[20] 铝酸盐水泥,GB/T 201—2015.

[21] 硫铝酸盐水泥,GB 20472—2006.

[22] 高强高性能混凝土用矿物外加剂,GB/T 18736—2017.

[23]混凝土外加剂应用技术规范,GB 50119—2013.

[24]混凝土和砂浆用天然沸石粉,JG/T 566—2018.

[25]普通混凝土配合比设计规程,JGJ 55—2011.

[26]混凝土结构设计规范,GB 50010—2010.

[27]混凝土结构工程施工质量验收规范,GB 50204—2015.

[28]建设用砂,GB/T 14684—2022.

[29]普通混凝土用砂、石质量及检验方法标准,JGJ 52—2006.

[30]建设用卵石、碎石,GB/T 14685—2022.

[31]预拌混凝土,GB/T 14902—2012.

[32]建筑工程冬期施工规程,JGJ/T 104—2011.

[33]水泥取样方法,GB/T 12573—2008.

[34]混凝土外加剂匀质性试验方法,GB 8077—2012.

[35]混凝土防冻剂,JC 475—2004.

[36]混凝土膨胀剂,GB/T 23439—2017.

[37]普通混凝土长期性能和耐久性能试验方法标准,GB/T 50082—2009.

[38]建筑工程施工质量验收统一标准,GB 50300—2013.

[39]混凝土泵送施工技术规程,JGJ/T 10—2011.

[40]混凝土用水标准,JGJ 63—2006.

[41]建筑施工机械与设备　混凝土搅拌站(楼),GB/T 10171—2016.

[42]建筑施工机械与设备　混凝土搅拌机,GB/T 9142—2021.

[43]建筑砂浆基本性能试验方法标准,JGJ/T 70—2009.

[44]混凝土外加剂,GB 8076—2008.

[45]自密实混凝土应用技术规程,JGJ/T 283—2012.

[46]超声回弹综合法检测混凝土抗压强度技术规程,T/CECS 02—2020.

[47]轻骨料混凝土应用技术标准,JGJ/T 12—2019.

[48]砌筑砂浆配合比设计规程,JGJ/T 98—2010.

[49]预拌砂浆, GB/T 25181—2019.

[50]防水沥青与防水卷材术语,GB/T 18378—2008.

[51]建筑石油沥青,GB/T 494—2010.

[52]煤沥青,GB/T 2290—2012.

[53]公路沥青路面设计规范,JTG D50—2017.

[54]公路工程沥青及沥青混合料试验规程,JTG E 20—2011.

[55]石油沥青玻璃布胎油毡,JC/T 84—1996.

[56]铝箔面石油沥青防水卷材,JC/T 504—2007.

[57]塑性体改性沥青防水卷材,GB 18243—2008.

[58]弹性体改性沥青防水卷材,GB 18242—2008.

[59]聚氯乙烯(PVC)防水卷材,GB 12952—2011.

[60]石油沥青玻璃纤维胎防水卷材,GB/T 14686—2008.

[61]硅酮和改性硅酮建筑密封胶,GB/T 14683—2017.

[62]建筑设计防火规范(2018年版),GB 50016—2014.

[63]建筑材料及制品燃烧性能分级,GB 8624—2012.

[64]碳素结构钢,GB/T 700—2006.

[65]低合金高强度结构钢,GB/T 1591—2018.

[66]优质碳素结构钢,GB/T 699—2015.

[67]金属洛氏硬度试验 第1部分:试验方法,GB/T 230.1—2018.

[68]钢筋混凝土用钢 第1部分:热轧光圆钢筋,GB/T 1499.1—2017.

[69]钢筋混凝土用钢 第2部分:热轧带肋钢筋,GB/T 1499.2—2018.

[70]冷轧带肋钢筋,GB/T 13788—2017.

[71]预应力混凝土用钢棒,GB/T 5223.3—2017.

[72]预应力混凝土用螺纹钢筋,GB/T 20065—2016.

[73]预应力混凝土用钢丝,GB/T 5223—2014.

[74]砌体结构设计规范,GB 50003—2011.

[75]烧结普通砖,GB/T 5101—2017.

[76]烧结多孔砖和多孔砌块,GB 13544—2011.

[77]蒸压灰砂实心砖和实心砌块,GB/T 11945—2019.

[78]蒸压粉煤灰砖,JC/T 239—2014.

[79]普通混凝土小型砌块,GB/T 8239—2014.

[80]轻集料混凝土小型空心砌块,GB/T 15229—2011.

[81]混凝土瓦,JC/T 746—2007.

[82]公路土工合成材料应用技术规范,JTG/TD 32—2012.

[83]公路路基设计规范,JTG D30—2015.

[84]木材物理力学试验方法总则,GB/T 1928—2009.

［85］木材顺纹抗压强度试验方法,GB/T 1935—2009.

［86］木材抗弯强度试验方法,GB/T 1936.1—2009.

［87］陶瓷砖,GB/T 4100—2015.

［88］卫生陶瓷,GB 6952—2015.

［89］陶瓷马赛克,JC/T 456—2015.

［90］钢结构防火涂料,GB 14907—2018.

［91］绿色产品评价　涂料,GB/T 35602—2017.

［92］双酚 A 型环氧树脂,GB/T 13657—2011.

［93］平板玻璃,GB 11614—2022.

［94］防弹玻璃,GB 17840—1999.

［95］钢化玻璃,GB/T 9963—1998.

［96］岩棉薄抹灰外墙外保温系统材料,JG/T 483—2015.

［97］挤塑聚苯板(XPS)薄抹灰外墙外保温系统材料,GB/T 30595—2014.

［98］剥片云母,JC/T 585—2015.

［99］建筑吸声产品的吸声性能分级,GB/T 16731—1997.

［100］建筑材料及制品的燃烧性能　燃烧热值的测定,GB/T 14402—2007.

［101］覃道春,傅峰,江泽慧. 木材顺纹抗剪强度测试方法的改进[J]. 木材工业,
　　　2004(5):10-13.

［102］曹世晖,汪文萍,孙明. 建筑工程材料与检测[M]. 长沙:中南大学出版
　　　社,2015.

［103］宋岩丽. 建筑材料与检测[M]. 北京:人民交通出版社,2008.

［104］白宪臣. 土木工程试验[M].2 版. 北京:中国建筑工业出版社,2015.

［105］武桂芝,张守平,刘进宝. 建筑材料[M]. 郑州:黄河水利出版社,2009.

［106］孙家国,叶琳,张冬梅. 建筑材料与检测[M]. 郑州:黄河水利出版
　　　社,2010.

［107］高军林. 建筑材料与检测[M]. 北京:中国电力出版社,2008.

［108］谭平. 建筑材料检测实训指导[M]. 北京:中国建筑工业出版社,2008.

［109］刘正武. 土木工程材料[M]. 上海:同济大学出版社,2005.

［110］戴自璋,陆平. 材料性能测试[M]. 武汉:武汉理工大学出版社,2002.

［111］吴科如,张雄. 建筑材料[M].2 版. 上海:同济大学出版社,1998.

［112］林祖宏. 建筑材料[M]. 北京:北京大学出版社,2008.

[113]朱效荣,薄超,王耀文,等. 数字量化混凝土实用操作指南[M]. 北京:中国建材工业出版社,2019.

[114]陈海彬,徐国强. 土木工程材料[M]. 北京:清华大学出版社,2014.

[115]苏达根. 土木工程材料[M].2 版. 北京:高等教育出版社,2013.

[116]方坤河,何真,梁正平. 土木工程材料[M].7 版. 北京:中国水利水电出版社,2015.

[117]高琼英. 建筑材料[M].4 版. 武汉:武汉理工大学出版社,2012.

[118]任胜义,赖伶. 土木工程材料[M]. 北京:中国建材工业出版社,2015.

[119]苏卿,黄涛,赵跃萍. 土木工程材料[M].3 版. 武汉:武汉理工大学出版社,2016.

[120]林锦眉,赵新胜. 土木工程材料实验[M]. 北京:中国建材工业出版社,2014.

[121]杨医博,何娟,王绍怀,等. 土木工程材料[M]. 2 版. 广州:华南理工大学出版社,2016.

[122] 杨文科. 现代混凝土科学的问题与研究[M]. 2 版. 北京:清华大学出版社,2015.

附　　录

实验室守则

一、学习建筑材料试验应达到以下目的和要求

（1）掌握建筑材料试验方法的基本原理。

（2）经过建筑材料试验基本操作技能的训练，并获得处理试验数据、分析试验结果、编写试验报告的初步能力。

（3）培养严肃认真、实事求是的科学作风。同时，通过试验验证和巩固所学的理论知识，熟悉常用建筑材料的主要技术性质。

二、为了顺利地进行试验，必须做到如下 6 条

（1）在试验课前进行预习，准备好记录表格。

（2）以严肃的态度、严格的作风、严密的方法进行试验。

（3）遵守操作规程，爱护仪器设备，注意人身及仪器的安全。

（4）遵守实验室规章制度，保持室内及仪器设备的整洁。

（5）试验结束后，应将原始记录交指导教师检查。

（6）课后及时、独立地完成试验报告。

实验室消防安全注意事项

（1）消火栓关系公共安全，切勿损坏。

（2）爱护消防器材，掌握常用消防器材的使用方法。

（3）进入公共场所要注意观察消防标志，记住疏散方向。在任何情况下都要保持疏散通道畅通。

（4）任何人发现危及公共消防安全的行为，都可向公安消防部门或执勤公安人员举报。

（5）电器线路破旧、老化要及时处理更换。

（6）电路保险丝熔断，切勿用铜丝或铁丝代替。

（7）火灾袭来时要迅速逃生，不要贪恋财物。

（8）身上着火，可就地打滚或用厚衣物覆盖压灭火苗。

（9）大火封门无法逃生时可以用浸湿的被褥、衣物等堵塞门缝，泼水降温，呼叫救援。

（10）对计算机电气类火灾、油料类火灾、化学制品类火灾，平时要有针对性灭火提示牌悬挂于实验室明显处。

实验室安全本科生准入制度

第一章　总则

第一条　为进一步加强实验室安全管理工作，强化学生实验室安全与环境保护责任意识，预防和减少事故发生，保障实验室正常有序运行，确保师生员工生命与实验室财产安全，根据国家有关法规及本校实验室具体情况，特制定本制度。

第二条　本制度适用于所有拟进入实验室内学习的本科学生。

第三条　各学院应在本制度的基础上，结合学科特点，制订具体的实验室安全准入管理细则，落实实验室安全准入制度。

第二章　制度体系与责任落实

第四条　学校实验中心负责全校实验室技术安全制度的建立与监督执行、宣传教育内容的组织、考核体系的建设。

第五条　各单位具体负责对学生开展实验室安全知识的宣传教育，组织新入本科生参加学习、考核。理、工、医类学院（中心）和下属的课题组须根据本学科专业特点，针对本学院（中心）本科学生进行专项教育培训及考试。

所有本科新生必须完成实验室安全准入的学习和考试，考试不合格的，不能选修实验课程。本科学生如需进入实验室开展研究型实验项目或毕业论文（设计）等，必须要经过专业的安全培训和考试。学院根据实验室具体情况确定考试内容和考试时间。

第三章　实施与管理

第六条　实验室安全教育内容。

（一）国家与地方关于高校实验室安全方面的政策法规以及学校的相关规章制度。

（二）实验室一般性安全、环境保护及废弃物处置常识。

（三）理、工、医类实验室的专项安全与环境保护知识。

（四）实验室急救知识与事故应急处置预案。

第七条　实验室安全教育方式。

（一）实验室安全教育考试系统在线学习。

（二）实验室安全教育考试系统在线考试。

（三）专项教育培训。

第八条　本科生取得实验室准入资格的条件。

（一）参加学院组织的学习。

（二）自主在线学习时间累计达到 6 小时；参加在线考试成绩合格；签订安全责任承诺书，获得准入资格。

第四章　附则

第九条　本制度未尽事项，按国家有关法律法规执行。

第十条　本制度由学校实验中心解释，自发布之日起生效。